**Python 3.x 対応**

# 基礎からわかる
# Python
パイソン

Toshiyuki Sakamoto
坂本俊之 著

C&R研究所

## ■権利について

- 本書に記述されている社名・製品名などは、一般に各社の商標または登録商標です。
- 本書では™、©、®は割愛しています。

## ■本書の内容について

- 本書は著者・編集者が実際に操作した結果を慎重に検討し、著述・編集しています。ただし、本書の記述内容に関わる運用結果にまつわるあらゆる損害・障害につきましては、責任を負いませんのであらかじめご了承ください。
- 本書は2018年11月現在の情報で記述しています。

## ■サンプルについて

- 本書で紹介しているサンプルは、C&R研究所のホームページ(http://www.c-r.com)からダウンロードすることができます。ダウンロード方法については、5ページを参照してください。
- サンプルデータの動作などについては、著者・編集者が慎重に確認しております。ただし、サンプルデータの運用結果にまつわるあらゆる損害・障害につきましては、責任を負いませんのであらかじめご了承ください。
- サンプルデータの著作権は、著者およびC&R研究所が所有します。許可なく配布・販売することは堅く禁止します。

●本書の内容についてのお問い合わせについて

　この度はC&R研究所の書籍をお買い上げいただきましてありがとうございます。本書の内容に関するお問い合わせは、「書名」「該当するページ番号」「返信先」を必ず明記の上、C&R研究所のホームページ(http://www.c-r.com/)の右上の「お問い合わせ」をクリックし、専用フォームからお送りいただくか、FAXまたは郵送で次の宛先までお送りください。お電話でのお問い合わせや本書の内容とは直接的に関係のない事柄に関するご質問にはお答えできませんので、あらかじめご了承ください。

〒950-3122 新潟県新潟市北区西名目所4083-6　株式会社 C&R研究所　編集部
FAX 025-258-2801
「基礎からわかる Python」サポート係

# PROLOGUE

「プログラミング」というと、以前は特殊な技能を持つ、ごく限られたエンジニアだけが行える高度な業務という印象がありました。

ところが最近では、一般社会へのコンピューティングの広範な普及とともに、プログラミングという作業は、急速にできて当たり前のスキルとなりつつあります。また、ビッグデータや市民データ・サイエンス、データハンドリングプロジェクトなどにより、データ解析や機械学習のためにプログラミング言語を使う、という新たなニーズも登場しました。

そのような背景の中で、一から新しくプログラミングを学ぼうとしている方も多いことと想像しますが、近ごろ、新しく学ぶプログラミング言語として人気が高まっているものの1つに、Pythonがあります。かつては学習用や小さなスクリプトの作成用といったイメージの強かったPythonも、現在では、言語仕様を一新したPython 3の登場や、膨大な外部パッケージとそれを支えるエコシステムなどにより、十分に実際の業務で使用できる言語へと成長しています。

本書はそのような、プログラミングそれ自体を初めて学ぼうという読者から、Python言語の初～中級者に向けて、Pythonによるプログラミングの基本を解説します。また、Pythonを実際の業務で使用するための最初のステップになるべく、GUIアプリケーションやCGIプログラムの作成方法、Jupyter Notebook上でのPythonコードの実行など、単純なコンソールアプリの作成だけではない、実践的な内容も紹介しています。

本書では、一から新しくプログラミングを学ぼうという読者でも十分に理解できること、プログラミング特有のさまざまな概念について把握すること、Python言語の仕様について学ぶこと、さまざまなPythonパッケージの使い方を知ることなど、いくつかの目標を設定しました。本書を構成する各章は、それぞれの章を順番に読み進めることで、それらの目標を自然と達成できるように構成されています。

もちろん、Pythonの言語仕様はそれだけで膨大ですし、外部パッケージの機能なども含めてしまうと、その内容はとても1冊に収まる分量ではなくなってしまいます。そのため、本書で紹介している内容には、かなりの程度、筆者の主観によって削り落とした、限定的なものになっている箇所があります。

しかし、本書を通じてPythonの世界をある程度でも理解することで、次のステップとしてPythonの言語仕様書を読んだり、外部パッケージの機能について調べたりできる程度のスキルを身に付けられるだろうと、筆者としては考えています。

本書があなたのプログラマとしての成長を助ける、良い入門書となることを祈って、前書きとさせていただきます。

## ■Python上級者に向けての補遺

　Pythonは学習が容易な言語といわれています。確かに、Python以外の何らかのオブジェクト指向言語を扱ったことのあるプログラマにとって、Pythonの習得は容易なことでしょう。しかし、その他のどのような言語も扱ったことのない、完全なプログラミング初心者にとって、プログラミングに特有の概念を新しく理解する必要があることに、特に変わりはないはずです。

　本書はそのような、まったくのプログラミング初心者でも理解できることを目標に構成されています。その目標のために本書では、全体を通して1つのポリシーを採用することにしました。

　それは、「理論的な順序では物事を解説しない」というものです。

　理論的でないと聞くとギョッとする方もいるでしょうが、それにはきちんとした理由があります。たとえば、「理論的な順序」に従うならば、Pythonの言語仕様と外部パッケージの仕様とは別のものです。しかし、似たような概念を含むリストとNumpyについて、言語仕様としてのリストを解説した200ページも後になって外部パッケージのNumpyを解説するのが、果たして親切といえるでしょうか（しかも実際のプログラムではNumpyの方が出現頻度が高いかもしれないにもかかわらず、です）。

　また、リストとNumpyとで「＋」演算子の扱われかたが違うことを「理論的な順序」で解説しようとすれば、その前にまず演算子のオーバーロードについて解説することになります。そして必然的に、その前にはオブジェクト指向という概念、クラス、インスタンス、参照、ガベージコレクションなど、ありとあらゆる面倒事について理解をしなければならなくなります。

　それよりも、（必ずしも正確な喩えでないにせよ）変数は箱、配列は箱の列、そしてPythonにはリストとNumpyという配列があり、それらの違いはこれこれ……と解説する方が、少なくとも初心者にとっては親切なのではないでしょうか。

　そうしたポリシーによる構成を採用したため、本書では（特にクラスや外部パッケージの機能について）同一の要素を異なる章の違う場所でバラバラに解説せざるを得なくなった部分も存在します。しかし、それらも、本書を読み進めることが、まったくの初心者がいっぱしのPythonプログラマになるための道程になる、という目標のため、そのようになっているのです。

　ですので、Python上級者やオブジェクト指向言語のエキスパートにおかれましては、どうぞ初学のことの気持ちに戻った上で本書を読んでいただければと思います。

2018年11月

坂本　俊之

# 本書について

## 本書の動作環境について

本書では、下記の環境で執筆および動作確認を行っています。

- Python 3.7.0
- Ubuntu 16.04 LTS ／ Windows 10 ／ macOS High Sierra

## サンプルコードの中の▼について

本書に記載したサンプルコードは、誌面の都合上、1つのサンプルコードがページをまたがって記載されていることがあります。その場合は▼の記号で、1つのコードであることを表しています。

## サンプルファイルのダウンロードについて

本書で紹介しているサンプルデータは、C&R研究所のホームページからダウンロードすることができます。本書のサンプルを入手するには、次のように操作します。

❶「http://www.c-r.com/」にアクセスします。

❷ トップページ左上の「商品検索」欄に「269-3」と入力し、[検索]ボタンをクリックします。

❸ 検索結果が表示されるので、本書の書名のリンクをクリックします。

❹ 書籍詳細ページが表示されるので、[サンプルデータダウンロード]ボタンをクリックします。

❺ 下記の「ユーザー名」と「パスワード」を入力し、ダウンロードページにアクセスします。

❻「サンプルデータ」のリンク先のファイルをダウンロードし、保存します。

サンプルのダウンロードに必要な
ユーザー名とパスワード

| ユーザー名 | py01 |
| パスワード | c82wd |

※ユーザー名・パスワードは、半角英数字で入力してください。また、「J」と「j」や「K」と「k」などの大文字と小文字の違いもありますので、よく確認して入力してください。

## サンプルファイルの利用方法について

サンプルはZIP形式で圧縮してありますので、解凍してお使いください。

# CONTENTS

## CHAPTER 01

# Pythonの基礎

**001 言語としてのPythonについて** ......... 12
- ▶Pythonの特徴 ......... 12
- ▶Pythonの得手不得手 ......... 13
- ▶Pythonのバージョン ......... 14

**002 Pythonの導入とパッケージ管理** ......... 16
- ▶Pythonの実行環境を構築する ......... 16
- ▶デフォルトのPythonをPython3にする ......... 22
- ▶外部パッケージ ......... 24

**003 初めてのPythonプログラム** ......... 27
- ▶Pythonプログラムの作成 ......... 27
- ▶変数とパッケージ ......... 30

**004 その他の目的に応じた「Hello, World」** ......... 35
- ▶CGIを開発する ......... 35
- ▶GUIアプリケーションを開発する ......... 39
- ▶データ解析に適した環境を構築する ......... 41

## CHAPTER 02

# 処理制御と関数

**005 条件分岐** ......... 50
- ▶処理ブロックとコメント ......... 50
- ▶条件分岐 ......... 54

**006 繰り返し処理** ......... 58
- ▶繰り返し処理の対象 ......... 58
- ▶ループ ......... 60

**007 関数** ......... 64
- ▶関数の定義と呼び出し ......... 64
- ▶関数の引数 ......... 65
- ▶関数の戻り値 ......... 68
- ▶mapとlambda式 ......... 69

CONTENTS

# CHAPTER 03

# データ型とクラス

**008 データ型** ……………………………………………………… 74
▶ 数値型 ………………………………………………………74
▶ データの集合 ………………………………………………77

**009 クラス** ……………………………………………………… 88
▶ クラスの基礎 ………………………………………………88
▶ クラスの継承 ………………………………………………91

**010 パッケージと定数** ……………………………………… 96
▶ 外部ファイルとモジュール ………………………………96
▶ パッケージの機能を利用する ……………………………98
▶ 定数とキーワード …………………………………………100

# CHAPTER 04

# データに対する処理とテクニック

**011 変数と演算子の取り扱い** ……………………………104
▶ 数値演算 ……………………………………………………104
▶ 比較と型チェック …………………………………………106
▶ 参照とコピー ………………………………………………108
▶ メモリ管理 …………………………………………………110

**012 多次元データとループの取り扱い** ………………113
▶ リストとndarray型 ………………………………………113
▶ リストとNumpyのテクニック …………………………116
▶ Pandasのテクニック ……………………………………119
▶ ソートとループ ……………………………………………128
▶ イテレータオブジェクト …………………………………132

**013 名前空間の取り扱い** …………………………………135
▶ 名前空間とは ………………………………………………135
▶ 関数の名前空間 ……………………………………………136
▶ クラスの名前空間 …………………………………………138

7

CONTENTS

## CHAPTER 05

# 文字列とマークアップ言語

- □14 文字列型の取り扱い ……………………………………………… 142
  - ▶文字列型の基礎 ……………………………………………… 142
  - ▶検索と置換 ……………………………………………… 146
  - ▶文字列のフォーマット ……………………………………… 150
- □15 独自のパーサーを作成する …………………………………… 153
  - ▶マークアップ言語の定義 …………………………………… 153
  - ▶ファイルからの読み込み …………………………………… 154
- □16 データ記述言語の取り扱い ………………………………… 161
  - ▶JSONの取り扱い ……………………………………………… 161
  - ▶XMLの取り扱い ……………………………………………… 162
  - ▶HTMLの取り扱い ……………………………………………… 166

## CHAPTER 06

# ファイル操作とマルチメディア

- □17 ファイルの取り扱い …………………………………………… 172
  - ▶ファイル操作の基礎 ………………………………………… 172
  - ▶オブジェクトの保存と読み込み …………………………… 177
  - ▶PandasによるCSVファイルの操作 ……………………… 179
- □18 画像処理…………………………………………………………… 182
  - ▶画像やマルチメディアデータの取り扱い ………………… 182
  - ▶Pillowによる画像の操作 …………………………………… 182
  - ▶OpenCVによる画像の操作 ………………………………… 189
- □19 動画の操作……………………………………………………… 198
  - ▶動画ファイルの操作 ………………………………………… 198
  - ▶動画から顔認識を行う ……………………………………… 202

8

CONTENTS

## CHAPTER 07

# オペレーティングシステムとGUI

**020 コマンドライン引数とOS** ……………………………… 208
  ▶コマンドライン引数 ……………………………………… 208
  ▶OSの機能を使用する ……………………………………… 212

**021 並列処理** ……………………………………………… 218
  ▶マルチプロセス処理 ……………………………………… 218
  ▶マルチスレッド処理 ……………………………………… 222

**022 GUIプログラムの作成** ……………………………… 228
  ▶ウィジェットを配置する ………………………………… 228
  ▶キャンバスとマウスイベント …………………………… 232
  ▶実行形式ファイル化する………………………………… 234

## CHAPTER 08

# ネットワーク通信とCGI

**023 ネットワーク通信** ……………………………………… 242
  ▶HTTPプロトコル………………………………………… 242
  ▶SMTPプロトコル………………………………………… 245

**024 WebAPI** ……………………………………………… 247
  ▶Twitterに接続する………………………………………… 247

**025 CGI** ……………………………………………………… 256
  ▶単語配置ゲームを作る …………………………………… 256
  ▶セッション管理 …………………………………………… 260
  ▶CGIパラメータ …………………………………………… 260
  ▶ゲームCGIの全体 ………………………………………… 264

●索 引 ……………………………………………………… 273

# CHAPTER 01

## Pythonの基礎

## SECTION-001

# 言語としてのPythonについて

### ▶ Pythonの特徴

　もし、あなたの目の前にスマートフォンあるいはPCがあり、文鎮あるいは漬物石以外の用途で活躍しているのであれば、そのデバイス上では何らかの「プログラム」が動作しているはずです。

　「プログラム」は、あなたのスマートフォンやPCの動作を律する、ITデバイスにおける魂の如きものです。そのデバイスが、限定色の新品でも傷だらけの中古品でも、その上で動作する「プログラム」を自由にすることができれば、そのデバイスの機能を利用したおよそあらゆる動作を行わせることが可能になります。

　あなたも「プログラム」を作ってみたくなりましたか？　でも、そのためには、「プログラミング言語」を最低、1つは覚えなければなりません。

　この本では、全面的に「プログラミング言語」の1つであるPythonについて解説しています。そして、Pythonを自在に操り、Pythonを使用した「プログラム」を作成できるようになることが、この本の目的となります。

　プログラミングといってもPythonは非常に学びやすい言語なので、その習得に身構えてかかる必要はありません。まず手始めとしてこの章では、Pythonの言語としての特徴と、Pythonの実行環境の構築、それに最も単純な「`Hello, World`」プログラムの作成について解説します。

### ◆ Python言語の由来

　今さら紹介するまでもないかもしれませんが、Pythonは、『LAMPの'P'』として知られているプログラミング言語の1つです。

　Pythonの源流をさかのぼれば、1989年のクリスマス休暇に、ヴァン・ロッサム氏が趣味で取り組み始めたプログラムへとたどり着きます。ヴァン・ロッサム氏は、自身がかつて携わっていたABCと呼ばれる処理システムをもとに、ABCでは取り扱えないオブジェクト指向言語としての概念を取り入れ、Pythonの最も初期のバージョンを完成させました。

　Pythonは公開されると短期間で最も人気のあるプログラミング言語の1つとなり、Web開発で人気のあるフリーウェア群を指す、LAMP（Linux、Apache、MySQL、Perl/Python/PHP）の一部として地位を確立しました。

　さらに最近では、機械学習やデータ解析などの分野でR言語と並んで人気があり、幅広い領域で利用できる汎用言語として使用されています。

　Pythonという名前の由来は、ヴァン・ロッサム氏によると、イギリスの有名なコメディ番組である『空飛ぶモンティ・パイソン』に由来しているようです。その他にも、英単語でPythonといえばニシキヘビを表すことから、ニシキヘビがPython言語のマスコットキャラクターとして使用されます。

12

■ SECTION-001 ■ 言語としてのPythonについて

#### ◆ Python言語の特徴

そのような経緯があるため、Pythonの言語としての特徴は、ABCの特徴を多く引き継いでいます。たとえば、ABCはシステム開発言語というよりも、教育用あるいはプロトタイピング向けの簡易なロジックを実装するためのシステムとして設計されました。そのため、対話型のインタプリンタや、学習と習得が容易であることなどが重視されましたが、Pythonも同様に、対話モードとしても動作するインタプリンタに、学習しやすく直感的なプログラミングが可能なスタイルなどの特徴があります。

その他にも、処理ブロックの階層をインデントで指定するコーディングはABCから共通するスタイルとなっています。

言語としてのPythonは、動的な型付けを持ち、参照カウンタによるガベージコレクションを持つ高水準言語の一種です。つまり、変数の型は宣言時に定義するのではなく、変数に代入された値によって動的に（プログラムの実行時に）判断され、メモリの解放は明示的に行わずとも、プログラム中の処理で変数を利用する可能性がなくなれば（必要に応じて）自動的に解放されます。

Pythonの対応しているプログラミング・パラダイムには、命令型プログラミング、関数型プログラミング、オブジェクト指向プログラミングなどがあり、事実上、現在主流となっているすべての手続き型プログラミング形式に対応することができます。

もっとも、初めてPythonを学ぼうという読者にとって、ここで羅列した用語について完全に理解する必要はどこにもありません。

筆者の考えるPythonの最大の特徴は、「とりあえず書いてみながら勉強できる」ことです。そのルーツを教育用言語に持つだけに、Pythonは学びやすく、言語仕様は正しいコーディングスタイルでコーディングするようにプログラマを方向付けるようになっており、直感的に書いたコードは、だいたいの場合、直感的に動作します。

プログラミングについて真剣に捉えるのを止めて、まずは何かを書き始めてみましょう。Pythonにはそのような学習スタイルが似合っています。

そして、本書を読了し、さらなる学習を始めようとするころには、きっと上記の専門用語についても、ある程度は概念的に理解できるようになっているはずです。

### 🌐 Pythonの得手不得手

Pythonは、プログラミング言語の入門から、大規模なシステム開発まで、さまざまなレベルのプログラマが使用できる汎用言語となっていますが、当然のごとく言語としての得手不得手が存在します。

#### ◆ Python言語の得意なこと

Pythonの最大の特徴は、コードの記述において情報密度が非常に高いこと、つまり、少ないコード数で多くの処理を記述することができることです。

これは、モダンなPythonの言語仕様にも助けられていますが、何よりPythonで利用できる膨大なパッケージ（Pythonにおける外部ライブラリ）によるところが大きいです。Pythonには膨大な外部パッケージが存在しており、しかも標準でパッケージ管理システムが用意されている

■ SECTION-001 ■ 言語としてのPythonについて

ため、簡単にそれらのパッケージをPythonシステムに組み込み、利用することができます。

実際、プログラミング上で必要となる基本的な機能やアルゴリズムについては、Pythonでは大抵のものがパッケージとして提供済みであり、プログラマの労力は最小限で済むようになっています。

そうしたモダンな言語仕様と多数のパッケージを駆使して、普通に実装しようとすると相当難しい処理であっても、わずか数行で実装できてしまう、その手軽さがPythonの最大の魅力となります。

#### ◆ Python言語の苦手なこと

一方で、どのパッケージを用いても実現できない、特殊で、かつ非常に複雑なアルゴリズムを直接、実装しようとなると、Pythonの弱点が姿を現します。

Pythonは動的な型付けを持つ言語なため、変数の型解決に時間がかかり、大量のループ内で直接、膨大な演算処理を行うような処理は苦手となります。

多くのパッケージでは、そうした処理はC言語で作成した下層パッケージで実装し、Python側にはその実行結果を利用するためのインターフェイスを用意するようになっています（C言語側とのインターフェイスがシンプルで実装しやすい点もPythonの特徴ですが、本書はPythonの入門書のため、それについては解説しません）。

また、データの形式によっては、メモリ効率があまりよろしくない場合があります。これはデータを保持するときに利用する変数型にもよりますが、特に大量の（数ギガエントリ程度の）実数値を含む密な行列（疎行列-SparceVectorではない通常のリスト）を利用し、標準的なAPIで行列演算を行おうとすると、メモリ不足で処理が実行できない場合もあります。

#### 🌐 Pythonのバージョン

執筆時点で、Pythonには、大きく分けて2つメジャーなバージョンが存在しています。

Pythonのバージョン番号それ自体は、ヴァン・ロッサム氏が作成した最も初期の0.9から1.x系を経て2.x系、3.x系へと順番にバージョンアップしてきたのですが、言語としてのPythonが実用的に使われ始めたのが2.x系からなので、2.x系のPythonと3.x系のPythonがメジャーなバージョンとして知られることになりました。

その中でバージョン2.x系のPythonは、いわゆるレガシーな、古いバージョンのPythonです。Pythonでは2.x系からガベージコレクションなどの仕組みが取り入れられ、モダンな汎用言語としての評価を確立しましたが、それでもより古いバージョンからの設計を引き継いでいます。

一方のバージョン3.x系のPythonは、言語仕様を一新し、新しい理想のPythonとして開発されました。

現在では新規のプロジェクトは、ほぼバージョン3.x系のPythonを使用するようになっているので、本書では、バージョン3.x系のPythonを前提として解説します。

ちなみにバージョン3.x系のPythonは、2.x系との後方交換性がありません。つまり、バージョン3.xで書かれたPythonプログラムの中に、2.x系のコードを挿入すると構文エラーとなります。

バージョン2.x系のPythonは、2020年ごろのサポート終了を予定しています。また、Python 2.6にはバージョン2.x系のPythonコードをバージョン3.x系のPythonへと変換するツールが付属しており、次のようにソースコードの対応バージョンを変換することができます。

```
$ 2to3 -w example.py
```

### ◆Pythonの実装

Pythonには、共通の言語仕様に対して複数の実装が存在します。

現在、リファレンスとなっているのは、CPythonという実装で、Pythonの実行環境それ自体はC言語で開発されています。

Pythonのソースコードは、下記のPythonのホームページからダウンロードすることができます。

- Welcome to Python.org
  - URL https://www.python.org/

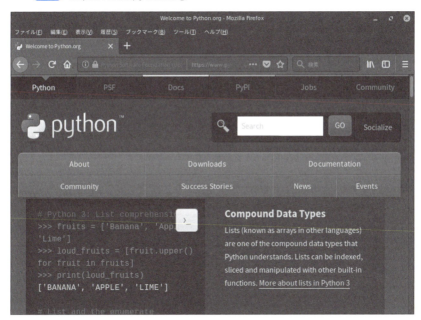

その他にも、CPythonに対して実行速度を改善したUnladen Swallowという実装や、Java VM上で動作するJythonなどの実装が存在しています。

本書ではオリジナルのCPythonを基準に解説をします。CPythonのソースコードはPSF（Python Software Foundation）ライセンスで公開されており、誰でも自由に利用、改変を行うことができます。

## SECTION-002

# Pythonの導入とパッケージ管理

### ● Pythonの実行環境を構築する

Pythonはさまざまなプラットフォームで利用できるので、開発のためには汎用のPCがあれば
よく、基本的にはオープンソースとして公開されている無料のソフトウェアだけで開発を行うこ
とができます。

ここでは、OSの異なる複数の環境に対してPythonをインストールする方法を紹介するの
で、読者の方は自分の用意できる環境を選択してPythonをセットアップしてください。

### ◆ Linux上でPythonを使用する

ここではUbuntu Desktop 18.04 LTSを例に、Linux上でPythonを利用するための環境
構築について解説しますが、実はUbuntuをはじめとする多くのLinuxディストリビューションで
は、デフォルトでPythonがインストールされるため、明示的にPythonをセットアップする必要は
ありません。

ただし、Ubuntu Desktop 18.04 LTSの場合、デフォルトでインストールされるPythonは、
バージョン3.6.5なので、バージョン2.x系のPythonや、最新バージョンのPythonを使用したい
場合は、コンソールから次のコマンドを実行して、明示的にPythonをインストールする必要が
あります。

```
$ sudo apt update
$ sudo apt upgrade
$ sudo apt install python
$ sudo apt install python3.7
```

ちなみにPythonでは、バージョン2.x系と3.x系とでソースコードレベルの交換性がないため、
Pythonの実行環境はバージョンによって名前が異なっています。

バージョン2.x系と3.x系のPythonでは、「**python**」と「**python3**」という風にコマンドの名前
が違っており、通常3.x系のソースコードを実行するときは「**python3**」コマンドを利用します。

利用できるPythonのバージョンを確認するには、次のようにします。

```
$ python3 --version
Python 3.6.5
$ python3.7 --version
Python 3.7.0b3
$ python --versioin
Python 2.7.15rc1
```

なお、同じ「**python**」コマンドでのデフォルトの実行環境を別のバージョンにする方法は、
22ページで解説をします。

## ◆ macOS上でPythonを使用する

　ここではmacOS High Sierraを例として、macOS上でPythonを利用するための環境構築について解説をします。

　macOS上にPythonをインストールする方法としては、brewを使用する方法と、標準のインストールパッケージを使用する方法があるのですが、ここではより単純な、標準のインストールパッケージを利用する方法を紹介します。

　まずは、Pythonのホームページ（https://www.python.org）へとアクセスし、「Download」からmacOS用のインストールパッケージをダウンロードします。

　ダウンロードするファイルの名前は、python-バージョン-対象OSバージョン.pkgとなっており、執筆時点ではpython-3.7.0-macosx10.9.pkgが最新のものとなっています。

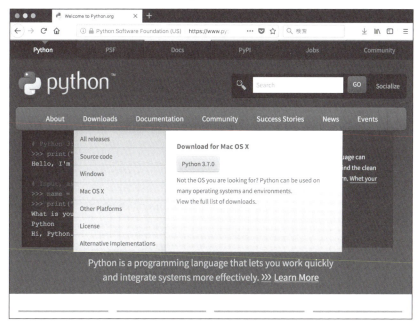

　次に、ダウンロードしたpkgファイルを実行すると、Pythonのインストーラーが開かれます。

■ SECTION-002 ■ Pythonの導入とパッケージ管理

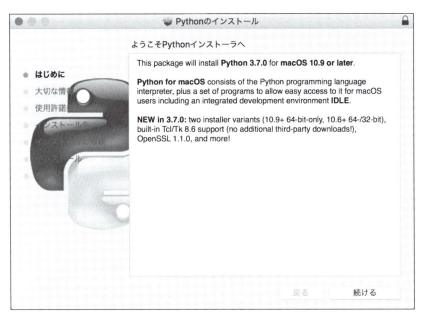

　そして、利用規約に同意し、インストール先のディスクを選択すると、Pythonのインストールが実行されます。

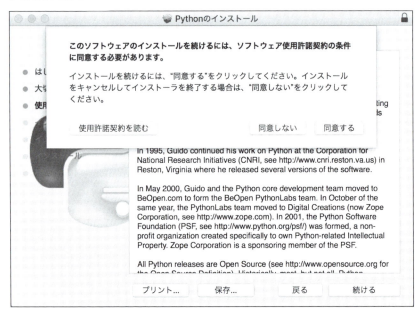

インストールが完了したら、「ターミナル」アプリケーションから、「`python --version`」または「`python3 --version`」と打ち込んで実行すると、次のようにインストールしたPythonのバージョンが表示されます。

バージョン2.x系と3.x系ではソースコードに互換性がないので、「`python`」がバージョン2.x系の実行環境、「`python3`」がバージョン3.x系の実行環境となります。

◆ Windows上でPythonを使用する

ここではWindows 10 Homeを例として、Windows上でPythonを利用するための環境構築について解説をします。

Windows上にPythonをインストールするには、Python標準のインストールパッケージを利用します。

まずは、Pythonのホームページ(https://www.python.org)へとアクセスし、「`Download`」からWindows用のインストールパッケージをダウンロードします。

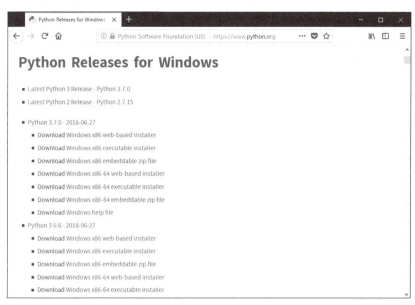

そして、ダウンロードしたファイルを実行し、「Add Python 3.7 to PATH」にチェックを入れて、「Install Now」をクリックすると、Pythonのインストールが始まります。

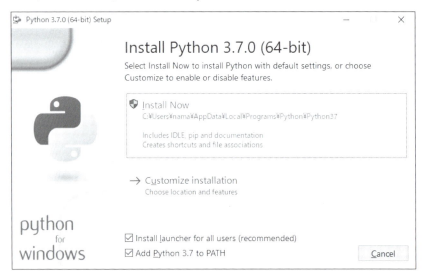

インストールが完了したら、スタートメニューから「cmd」アプリケーションを検索（またはスタートメニューから「Windowsシステムツール」→「コマンドプロンプト」を選択）し、実行します。そして開いたコマンドプロンプトから、「python --version」と打ち込んで実行すると、次のようにインストールしたPythonのバージョンが表示されます。

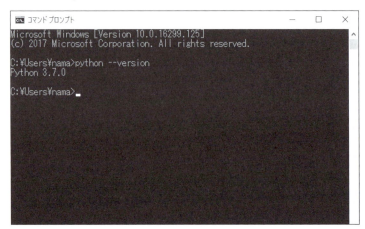

◆Cygwin上でPythonを使用する

また、Windowsのシステム上にPythonをインストールしたくない場合は、Cygwinというソフトウェア上にPythonの実行環境をセットアップすることができます。

CygwinはWindows上でLinuxライクな実行環境を構築するソフトウェアで、Cygwinセットアップ時の設定項目の中に、用意するPythonの環境が存在しています。

■ SECTION-002 ■ Pythonの導入とパッケージ管理

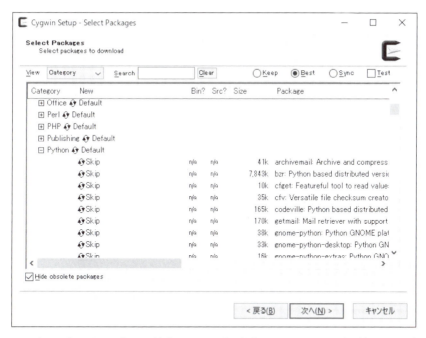

セットアップウィンドウの「View」を「Category」に設定し、Pythonの下にある「Python2」「Python2-pip」「Python3」「Python3-pip」にチェックを入れます。

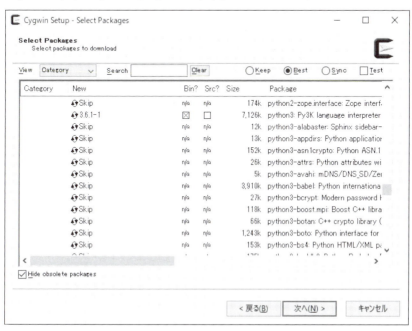

そして、そのままセットアップを実行すると、Cygwin上でPythonの実行が可能になります。Cygwin上で「`python --version`」または「`python3 --version`」と打ち込んで実行すると、次のようにインストールしたPythonのバージョンが表示されます。

### ● デフォルトのPythonをPython3にする

Pythonはバージョン2.x系と3.x系とでソースコードレベルの交換性がないため、通常はPythonの実行コマンドで2.x系と3.x系のどちらを使用するかを設定します。

しかし、現在では新しく作成するPythonプログラムは、ほぼバージョン3.x系のPythonを使用するようになっているので、「`python`」コマンドのデフォルトの環境をバージョン3.x系にしてしまってもよいでしょう。

#### ◆ LinuxでPython3をデフォルトにする

前述のように、Ubuntu Desktop 18.04 LTSにはバージョン3.6.5のPythonがすでにインストールされています。そこへ、2.x系のPythonと、バージョン3.7のPythonをインストールした場合、pythonコマンドおよびpython3コマンドは、次のようにシンボリックリンクで作成されます。

```
$ ls /usr/bin/python*
lrwxrwxrwx 1 root root          9 4月 16 23:31 /usr/bin/python -> python2.7
lrwxrwxrwx 1 root root          9 4月 16 23:31 /usr/bin/python2 -> python2.7
-rwxr-xr-x 1 root root 3633560 4月 16 06:51 /usr/bin/python2.7
lrwxrwxrwx 1 root root          9 4月  1 10:43 /usr/bin/python3 -> python3.6
-rwxr-xr-x 1 root root 4576440 4月  1 14:46 /usr/bin/python3.6
-rwxr-xr-x 1 root root 5116384 3月 30 13:35 /usr/bin/python3.7
```

この場合、システム上には、2.7、3.6、3.7という3つのバージョンのPythonが存在していることになりますが、次のように「`update-alternatives`」コマンドを使用することで、pythonコマンドの優先されるリンク先を変更することができます。

```
$ sudo update-alternatives --install /usr/bin/python python /usr/bin/python2.7 1
$ sudo update-alternatives --install /usr/bin/python python /usr/bin/python3.3 2
$ sudo update-alternatives --install /usr/bin/python python /usr/bin/python3.7 3
```

上記のコマンドを実行すると、pythonコマンドで起動する環境は、バージョン3.7→バージョン3.6→バージョン2.7の順になります。

#### ◆bash上でPython3をデフォルトにする

また、bash上からコマンドを実行する場合、ホームディレクトリ内にある「.bashrc」ファイルに次の行を追加することで、pythonコマンドをpython3.7へとエイリアスすることができます。

```
alias python='/usr/bin/python3.7'
```

上記の記述を「.bashrc」ファイルに追加した後、コンソールを立ち上げ直してpythonコマンドを実行すると、次のようにバージョン3.7のPythonが起動します。

```
$ python —version
Python 3.7.0
```

#### ◆macOS上でPython3をデフォルトにする

同じようにmacOSでも、「.bashrc」ファイルに設定を追加することで、pythonコマンドをpython3.7へとエイリアスすることができます。

macOSに標準のインストールパッケージを使ってインストールした場合、Pythonのインストールフォルダは「/Library/Frameworks/Python.framework/Versions/バージョン番号/bin/」以下になるため、「.bashrc」ファイルへ追加する設定は次のようになります。

```
alias python='/Library/Frameworks/Python.framework/Versions/3.7/bin/python3.7'
```

上記の記述を「.bashrc」ファイルに追加した後、ターミナルアプリを立ち上げ直してpythonコマンドを実行すると、次のようにバージョン3.7のPythonが起動します。

```
$ python —version
Python 3.7.0
```

■ SECTION-002 ■ Pythonの導入とパッケージ管理

## 外部パッケージ

Pythonの大きな特徴として、膨大な外部パッケージの存在が挙げられます。さらに、標準のパッケージ管理ツールが存在しているため、環境に依存せずに共通のパッケージを利用できるようになっています。

そのため、Pythonのプログラム開発においては、効果的に外部パッケージを使用することで、開発の労力を大きく削減することができます。

### ◆ 本書における外部パッケージの扱い

そうした外部パッケージの存在はPythonを利用する大きなモチベーションであるのですが、該当するパッケージの扱い方と言語としてのPythonの機能が渾然としてしまうという側面もあります。

本書の構成において最も留意したのが、そうした外部パッケージの取り扱い方です。

通常、プログラミング言語の学習では、まず言語の仕様について学び、それから外部パッケージの使い方について学ぶことになります。しかし、Pythonの言語仕様をすべて理解しなければ、外部パッケージの使い方について進むことはできないのかといえば、そんなことはありません。

本書では、ほとんどデファクトスタンダードとなっている一般的なパッケージの使い方を学ぶことは、Pythonの言語を学ぶこととほぼ同義であると考え、いくつかのパッケージについては、Pythonの仕様と一体的に紹介することにしました。

つまり、本書では、外部パッケージを扱う章を個別に用意するのではなく、Pythonの機能を解説するときに、関連する一般的なパッケージの使い方も併せて紹介しています。

それにより、即実践できる形でPythonを学習できますが、その代わりに、紹介する外部パッケージについてはある程度、選別せざるを得ませんでした。

できるだけ一般的なパッケージを選択したつもりですが、同じ機能を持つ複数のパッケージについて、あるパッケージを紹介して別のパッケージは紹介できなかったような場合は存在します。

### ◆ 外部パッケージの一覧

Pythonで利用できる外部パッケージについては、PyPI(Python Package Index)というサービスが管理しており、このサービスに登録してあるパッケージはPython公式のパッケージ管理ツールで、誰でも自由に利用することができます。

PyPIに登録されているパッケージのリストは、下記のPyPIのサイトから参照することができます。

- PyPI – the Python Package Index · PyPI
  URL https://pypi.org/

■ SECTION-002 ■ Pythonの導入とパッケージ管理

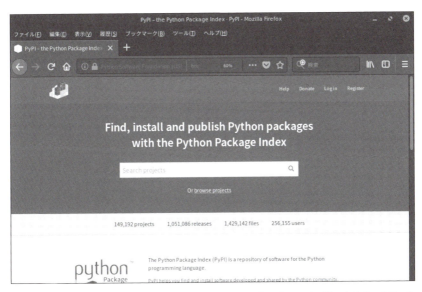

また、Pythonで作成したライブラリをPyPIに登録して公開するのは、誰でも自由に行うことができます。

◆ pipをインストールする

PyPIに登録されたパッケージは、pipというツールを使用して、Pythonの実行環境に追加することができます。pipそれ自体は、WindowsやmacOSに標準のインストールパッケージを使用してインストールした場合、Pythonと同時にインストールされます。Python本体と同様、pipもバージョン2.x系と3.x系とでコマンドが分かれており、それぞれ「pip」「pip3」というコマンドで実行できます。

Linux上の環境で、明示的にインストールする場合は、次のようにします。

```
$ sudo apt install python3-pip
$ sudo apt install python-pip
```

また、PyPIに登録されているパッケージのリストを読み込み直して、pipのデータを更新するには、次のようにします。

```
$ pip3 install --upgrade pip
$ pip install --upgrade pip
```

通常、「pip」や「pip3」コマンドは、実行ユーザーのローカル環境にパッケージをインストールします。つまり、異なるログインユーザーでPythonを実行する場合は、「pip」や「pip3」コマンドでインストールしたパッケージが反映されないことになります。

LinuxやmacOS上の環境で、すべてのユーザーに適用されるように、グローバルの環境にパッケージをインストールする場合、「sudo」コマンドを付けてrootユーザーとして「pip」や「pip3」コマンドを実行します。

25

■ SECTION-002 ■ Pythonの導入とパッケージ管理

◆gitリポジトリから直接、インストールする

　pipでは、PyPIに登録されているパッケージだけではなく、gitリポジトリからもPythonのパッケージをインストールすることができます。

　それには次のように、pipコマンドの後に「install」と、「git+」の後にインストールするパッケージがあるgitリポジトリを指定します。

```
$ pip3 install git+https://github.com/numpy/numpy.git
$ pip install git+https://github.com/numpy/numpy.git
```

　なお、本書では、一般的な外部パッケージについてはPythonの言語について紹介する際にあわせて解説するので、その都度、登場するパッケージについて、「pip3」「pip」コマンドでインストールする方法を紹介します。

## SECTION-003

# 初めてのPythonプログラム

### Pythonプログラムの作成

それでは実際に動作する、初めてのPythonプログラムを作成してみます。

Pythonのプログラムソースは、すべてテキストファイルとして作成し、「.py」という拡張子を付けて保存します。OSの設定などで、ファイルの拡張子を表示しない設定になっている場合、「.py.txt」などと異なる拡張子になってしまう場合があるので、拡張子の表示設定と、保存するファイル名について注意してください。

#### ◆ エディタと文字コード

まずは、テキストエディタを開いて、単純に次の1行を含むファイルを作成し、「hello.py」という名前で保存します。

```
print( 'Hello, World' )
```

Python3では、ファイルのエンコードはデフォルトでUTF-8となっているので、コメントに日本語を使用しても、ファイルをUTF-8文字コードで保存すれば、そのまま実行することができます。

ファイルのエンコードを明示的に指定するには、次のようにファイルの先頭に、「# -*- coding: 文字コード -*-」というコメント行を作成します。

```
# -*- coding: utf-8 -*-
print( 'こんにちは、世界' )
```

また、ファイル内の改行コードも、交換性のためにUnixスタイル（LF）としておく方がおそらく望ましいでしょう。

そのため、ファイルの保存時に文字コードと改行コードを指定できるエディタが、Pythonプログラムの開発には必要になります。あくまで参考にですが、筆者の周辺ですと、Atomや、Visual Studio Codeなどに人気があるようです。

#### ◆ 「Hello, World」を実行する

次に、コンソール画面（Macならターミナルアプリ、Windowsならcmdアプリ）を開き、保存したファイルが存在するディレクトリに「cd」コマンドで移動し、次のコマンドを実行します。

```
$ python3 hello.py
Hello, World
```

すると、画面上に「Hello, World」と表示されました。

上記の例では、Pythonコマンドを使用して作成したプログラムのコードを読み込み、実行させました。他にもLinuxであれば、プログラムのコードの最初の行に「#!/usr/bin/python3」と記載し、ファイルのパーミッションを変更することで、直接、プログラムのコードをコンソール上から実行することができます。

## ■ SECTION-003 ■ 初めてのPythonプログラム

```
#!/usr/bin/python3
print( 'Hello, World' )
```

　たとえば、上記の内容で「hello2.py」というファイルを作成し、次のようにファイルのパーミッションを変更して実行すると、同じようにPythonのプログラムが実行され、メッセージが表示されます。

```
$ chmod +x hello2.py
$ ./hello2.py
Hello, World
```

### ◆ 複数行のメッセージを表示する

　先ほど作成したプログラムは、わずか1行からなる単純なものですが、きちんとした正しいPythonのプログラムです。このプログラム内には、「print」という関数を呼び出すコードと、その引数として「Hello, World」という文字列が記載されています。

　「print」関数はPythonが用意しているAPIで、OSの標準出力に対してメッセージを送信する機能を持っています。

　関数の呼び出しは関数の名前に「()」(丸括弧)を付けることで行い、丸括弧の中にはその関数に与える引数を入れます。

　「print」関数の引数は1つではなく複数でもよくて、その場合は「,」(カンマ)で引数を区切ります。複数の引数を与えた場合、「print」関数はすべての引数の値をスペースで区切って表示します。たとえば、次の2つの「print」関数は、同じ「Hello, World」というメッセージを標準出力に出力します。

```
print( 'Hello, World' )
print( 'Hello,', 'World' )
```

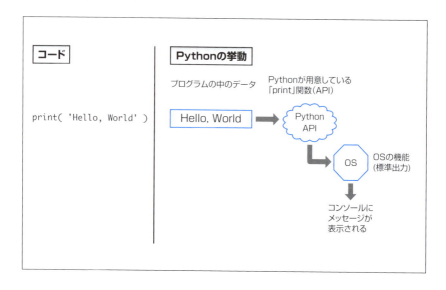

標準出力に出力されたメッセージを、実際にコンソール上に表示するところは、OSの側の機能です。そのため、次のように標準出力をリダイレクトしてやれば、コンソール上にメッセージを表示する代わりに、ファイルにメッセージを保存することができます。これは、標準出力とリダイレクトはPython側ではなくOS側の機能なためです。

```
$ python3 hello.py > hello.txt
```

次に、ソースコードを3行に増やして、次のように3つのメッセージを表示するようにしてみます。

```
print( 'Hello, World' )
print( 'How are you, System' )
print( 'Nice to meet you, Python' )
```

すると、次のように、3つのメッセージが、ソースコード内に記載された順番に表示されます。

```
$ python3 hello3.py
Hello, World
How are you, System
Nice to meet you, Python
```

このように、Pythonのプログラムは、ソースコード内で基本的には「上から順番に」実行されていきます。

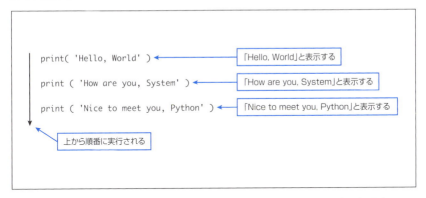

なお、この処理の流れについて制御する方法は、次のCHAPTER 02で解説します。

■ SECTION-003 ■ 初めてのPythonプログラム

## ● 変数とパッケージ

以上で最も単純なPythonプログラムが完成しましたが、本書のこの後の章を読むために必要となる、Pythonプログラムにおける最も基本的な概念について、ここで簡単に解説をしておきます。

### ◆ 変数について少しだけ

まず、プログラミングにおいて基本的な概念である、「**変数**」について説明します。

変数とは、プログラム上で利用できる「名前の付いた箱」のようなもので、その箱にはさまざまなデータを入れることができます。

たとえば、「a」という名前の変数を作成し、そこに「Hello, World」という文字列を入れるには、次のようにします。

```
a = 'Hello, World'
```

ここで作成した変数「a」には、「Hello, World」という文字列が入っているので、「Hello, World」という文字列の代わりに使用することができます。

```
a = 'Hello, World'
print( a )
```

上記のコードでは、変数「a」に「Hello, World」という文字列を入れ、次に変数「a」から取り出したデータをprint関数で表示しています。

したがって、上記のコードを実行すると、「Hello, World」と表示されます。

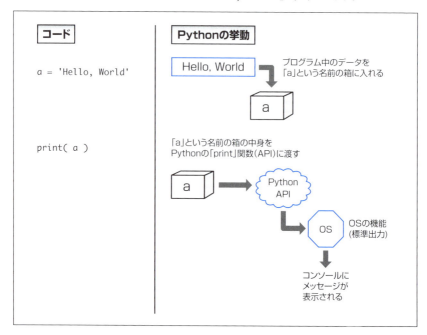

また、変数に入れたデータを、他の変数に代入することもできます。値の代入は、「=」（イコール記号）を使用し、右辺に代入する値を、左辺に代入される変数の名前を記載します。

```
a = 'Hello, World'
b = a
print( b )
```

上記のコードでは、変数「a」に「Hello, World」という文字列を入れ、次に変数「a」から取り出したデータを変数「b」に代入後、「print」関数で変数「b」を表示しています。

したがって、上記のコードを実行すると、「Hello, World」と表示されます。

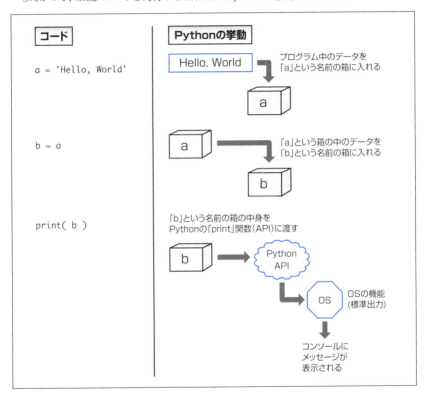

その他、変数には数字も入れることができます。

次のコードでは、まず「a」という変数に「1」の値を入れて、その次に「a」変数の中身と「1」を足し合わせた数を、再び「a」変数に入れています。このように、変数に値を入れる「=」（イコール記号）は、『右辺の式を評価してその結果を左辺の変数に入れる』という意味であり、右辺と左辺が等しいことを表す等号ではありません。

```
a = 1
a = a + 1
print( a )
```

■ SECTION-003 ■ 初めてのPythonプログラム

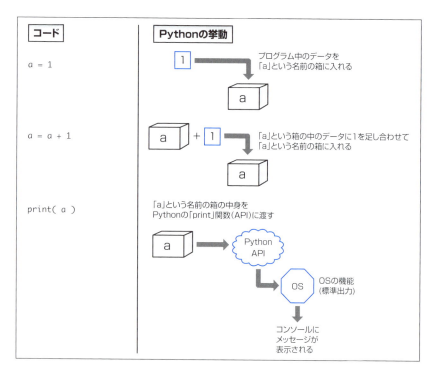

したがって、上記のコードを実行すると「2」と表示されます。

なお、数値の演算に利用できる記号については、CHAPTER 04で詳しく解説します。

◆ パッケージの読み込み

先ほど作成した「Hello, World」プログラムは、プログラムを実行した場所にそのまま文字列を表示しました。これは、「print」関数が標準出力へと受け取った文字列を書き込むことで実現されます。

標準出力とは、特に出力先を指定しないときに利用できる出力先で、対話型のインタプリタであればコマンドプロンプトの出力だったり、CUIプログラムであればコンソールへの出力だったりします。

標準出力は、プログラムとコンピュータのシステムを結ぶ最も基本的な接点ですが、Pythonで標準出力を扱う方法は「print」関数だけではありません。システムの機能を扱うAPIを通じて、標準出力のストリームに直接データを書き込むこともできます。

```
import sys
sys.stdout.write( 'Hello, World\n' )
```

今度のプログラムにある、「import sys」という行は、『'sys'というパッケージを読み込む』という意味の命令です。

そして次の行にある、「sys.stdout.write」は、『'sys'パッケージの中にある'stdout'の中にある'write'関数』という意味です。

■ SECTION-003 ■ 初めてのPythonプログラム

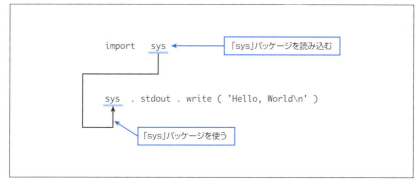

つまり上のコードでは、「sys」パッケージの「stdout」にある「write」関数を使用して、標準出力のストリームへ「Hello, World」という文字列を書き込んでいます。

このようにPythonでは、外部のパッケージを読み込むために「import」というキーワードを使用します。読み込んだパッケージは変数として利用できるので、この命令以降は「sys」という変数の中に、読み込んだパッケージが含まれることになります。そして、「.」（ドット）でパッケージ内の機能の名前をつなげていますが、これはPythonが変数の中にある名前をたどるために「.」（ドット）を使用するためです。

上記のコードでは直接、ストリームへ文字列を書き込んでいるので、文字列の最後に「\n」（改行文字）が入っています。「print」関数ではこの改行文字は自動で追加してくれますが、「write」関数は与えられたデータをただ書き込むだけなので、改行をしたい場合は明示的に改行文字を書き込む必要があります。

上記の2行を続けて打ち込んで実行すると、次のように新しく「Hello, World」というメッセージと、メッセージの文字数（改行文字も含む）が表示されます。

```
$ python hello2.py
Hello, World
13
```

また、パッケージを読み込む際には、次のように「as」を使用して、パッケージの別名を定義することもできます。

```
import sys as S
S.stdout.write( 'Hello, World\n' )
```

上記のようにパッケージを読み込むと、今度は「S」という名前の変数に、読み込んだパッケージが含まれるようになります。

■ SECTION-003 ■ 初めてのPythonプログラム

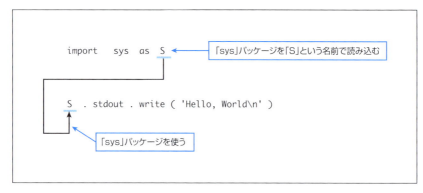

また、次のように、パッケージの中にある要素を直接、読み込むこともできます。その場合には「from」を使用して要素の親となるパッケージを指定し、その後に「import」を続けます。「from」と「import」を組み合わせた後に、さらに「as」で別名を指定することもできます。

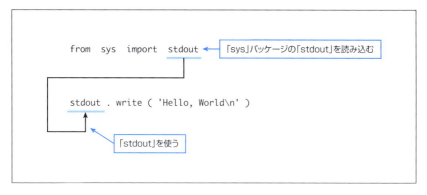

```
from sys import stdout
stdout.write( 'Hello, World\n' )
```

なお、外部のファイルをパッケージとして読み込んで使用する方法についてはCHAPTER 02で、変数の中の要素を「.」(ドット)でたどる方法についてはCHAPTER 03で詳しく解説します。

## SECTION-004

# その他の目的に応じた「Hello, World」

### ◉ CGIを開発する

Pythonが一般的な開発者に使われるようになった当初は、『LAMPの"P"』の1つとして、主にWeb開発の分野で使用される言語として知られていました。

それ以降Pythonは、Web開発のプログラミング言語として根強い人気がある一方、最近ではデータ解析や機械学習のために使用するプログラミング言語としての人気が増加しています。

前節までに紹介した初めてのPythonプログラムは、コンソール上で動作するCUIプログラムですが、Pythonが使われる実行環境には、Webアプリとして動作するCGIや、データ解析に使われる対話型の実行環境などがあります。

そこでここでは、いくつかの異なる実行環境について、それぞれの環境における最も簡単なプログラムを作成し、各実行環境における『Hello, World』として紹介します。

なお、この節はPythonを学ぶ目的に応じて、必要となりそうな環境についてだけ理解すれば十分なので、読者の目的に応じて読み分けてください。

### ◆ Apache HTTPサーバーの設定

WebアプリとしてPythonを実行する場合、最も簡単な環境は、WebサーバーのApache HTTPサーバー（以降、Apache）上で動作するCGIとしてPythonプログラムを作成することでしょう。

なお、ここでは、使用するPCのOSとして、Ubuntu Desktop 18.04 LTSを想定しています。その他のLinux系OSにおける設定については、下記のApacheのホームページを参照してください。

- Welcome! - The Apache HTTP Server Project
  URL http://httpd.apache.org/

まず、Ubuntu上にApacheをインストールするには、次のコマンドを実行します。

```
$ sudo apt install apache2
```

そして、次のようにApacheを起動すると、ブラウザからPCの80番ポートにアクセスして、デフォルトのホームページを閲覧できるようになります。

```
$ sudo service apache2 start
```

ブラウザからApacheにアクセスするには、ブラウザのアドレスバーにPCのIPアドレスを入力します。Desktop版のLinuxを使用していて、Apacheが同じPC上で動作している場合、入力するIPアドレスは「127.0.0.1」となります。

■ SECTION-004 ■ その他の目的に応じた「Hello, World」

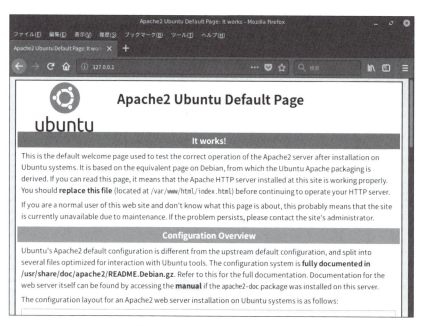

次に、Apache上でCGIを実行可能なように設定します。

CGIの設定ファイルは、デフォルトでは、「/etc/apache2/conf-available/serve-cgi-bin.conf」ファイルに記載されています。Apacheのインストール直後は、「/etc/apache2/conf-available/serve-cgi-bin.conf」ファイルは次のようになっているはずです。

```
<IfModule mod_alias.c>
    <IfModule mod_cgi.c>
        Define ENABLE_USR_LIB_CGI_BIN
    </IfModule>

    <IfModule mod_cgid.c>
        Define ENABLE_USR_LIB_CGI_BIN
    </IfModule>

    <IfDefine ENABLE_USR_LIB_CGI_BIN>
        ScriptAlias /cgi-bin/ /usr/lib/cgi-bin/
        <Directory "/usr/lib/cgi-bin">
            AllowOverride None
            Options +ExecCGI -MultiViews +SymLinksIfOwnerMatch
            Require all granted
        </Directory>
    </IfDefine>
</IfModule>
```

■SECTION-004 ■ その他の目的に応じた「Hello, World」

ここで、「ScriptAlias /cgi-bin/ /usr/lib/cgi-bin/」という行が、Webから「cgi-bin」ディレクトリにアクセスされた場合、「/usr/lib/cgi-bin/」にあるファイルを使用するという意味で、その下にある「Options +ExecCGI」がCGIの実行を許可するという意味です。

CGIの保存場所が問題なければ、次のコマンドを実行して、ApacheにCGIの実行を許可します。

```
$ sudo a2enmod cgid
```

そして、次のようにApacheを再起動すれば、設定したディレクトリ以下にあるプログラムを、CGIとして実行できるようになります。

```
$ sudo service apache2 restart
```

◆ 初めてのCGI

CGIとして動作するプログラムでも、これまでと同様に標準出力への出力を使用してApacheへとメッセージを送ります。

ただし、CGIの場合、プログラムが出力する最初の行は、Apacheに設定するHTTPヘッダーでなければなりません。必ず必要となるHTTPヘッダーには、「Content-type」の設定があります。

そして、HTTPヘッダーの出力後には、1行の空の行を出力して、その後にCGIの出力であるHTTPレスポンスを記載します。

ここでは最も簡単なCGIとして、「Content-type」に「text/html」を設定し、HTTPレスポンスにHTMLコードを出力するプログラムを作成します。

まず、CGIは直接、プログラムとして実行できるようにする必要があるので、コードの一番最初の行に「#!/usr/bin/python3」と記載し、ファイルのパーミッションも実行権限を付与します。

そして、その後に必要なメッセージを出力するコードを記載します。

Pythonでは、「'」(シングルクォーテーション)や「"」(ダブルクォーテーション)で囲んだ文字列は、プログラム中で利用するデータとしての文字列となります。さらに、「'''」(シングルクォーテーション3つ)や「"""」(ダブルクォーテーション3つ)で囲むことで、複数行からなる文字列を作成できます。

本書では、紙面の見やすさを考慮して、基本的に文字列は「'」(シングルクォーテーション)で、複数行の文字列は「"""」(ダブルクォーテーション3つ)で囲むこととにします。

ここでは、次のように出力するHTMLコードをプログラム中に作成し、3つのprint関数でHTTPヘッダーと空の行、HTMLコードを出力します。

```
#!/usr/bin/python3

html = """
<html>
<head></head>
<body>
```

```
<h1>Hello, CGI</h1>
</body>
</html>
"""

print( 'Content-type: text/html' )
print( '' )
print( html )
```

作成したファイルは、「hellocgi.py」という名前で保存し、次のようにApacheの設定時に指定したCGIの保存ディレクトリにコピーします。

```
$ chmod +x hellocgi.py
$ sudo cp hellocgi.py /usr/lib/cgi-bin/
```

そして、ブラウザ上から、「http://＜PCのIPアドレス＞/cgi-bin/hellocgi.py」にアクセスすると、次のように作成したHTMLコードのメッセージが表示されます。

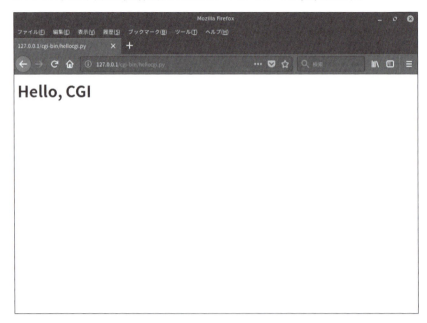

また、HTML中に日本語を含む場合でエラーになるときは、プログラムの最初に次のコードを挿入して、出力のエンコードをUTF-8に指定します。

```
import sys
import io
sys.stdout = io.TextIOWrapper( sys.stdout.buffer, encoding='utf-8' )
```

■SECTION-004■ その他の目的に応じた「Hello, World」

## GUIアプリケーションを開発する

WindowsやMacを使う一般的なユーザーがイメージするアプリケーションとは、通常は画面上にウィンドウが開き、グラフィカルなユーザーインターフェイスを持つGUIアプリケーションでしょう。

標準出力など、ある程度プラットフォーム間で共通化されたインターフェイスが利用できるCUIプログラムと異なり、GUIを利用するためのインターフェイスはOSごとに異なっているため、PythonからGUIアプリケーションを作成するには、PythonとGUIとを接続するフレームワークが必要になります。

Pythonで利用できるGUIフレームワークには、appJar、CEF Python、guizeroなど、いくつかの種類がありますが、ここではPythonの標準GUIフレームワークである、Tkinterを使用してGUIアプリケーションを作成します。

### ◆ Tkinterのインストール

標準のインストールパッケージを使用してインストールした場合、WindowsやmacOSでは、TkinterはPythonと同時にインストールされるので、特別な設定は必要ありません。

Linux系のOSでは、Python 2.xの場合は「**python-tk**」、3.x系の場合は「**python3-tk**」パッケージをインストールすることで、Tkinterが利用できるようになります。

Ubuntu上でTkinterをインストールするには、次のコマンドを実行します。

```
$ sudo apt install python3-tk
```

なお、GUIはウィンドウベースのユーザーインターフェイスなので、Linux系のOSでTkinterを利用する場合、デスクトップ環境が必要になります。

### ◆ 初めてのGUIアプリケーション

それでは実際に、Pythonでウィンドウベースのプログラムを作成してみます。

まずはTkinterのパッケージから、「**Tk**」と「**ttk**」を読み込みます。そして、「**Tk()**」でウィンドウを作成し、その中に「**ttk.Label**」で文字列を表示するエリアを作成します。

「**grid()**」は作成したエリアを配置する関数で、最後に「**win.mainloop()**」でウィンドウのイベント処理を実行します。

```
from tkinter import Tk, ttk
win = Tk()
ttk.Label( win, text='Hello, GUI' ).grid()
win.mainloop()
```

GUIを利用するためのインターフェイスはOSごとに異なっていますが、その違いはTkinterがラッピングしてくれるため、Tkinterを利用できるデスクトップ環境であれば、OSの種類を問わずに同じコードでGUIプログラムが実行できます。

上記のコードを、各OS上で実行すると、次のようなウィンドウが表示されます。

■SECTION-004■ その他の目的に応じた「Hello, World」

●Ubuntu Desktop上で実行した場合

●macOS上で実行した場合

●Windows 10上で実行した場合

■SECTION-004■ その他の目的に応じた「Hello, World」

## データ解析に適した環境を構築する

これまでに作成してきたプログラムは、基本的にソースコードを作成して、プログラム全体が完成してから実行するというものでした。

しかし、データ解析などの用途では、一度、用意したデータに対して、ある処理を作成してその処理の結果を見てから、その次の処理を作成したい、という需要があります。

その際に利用するのが、対話的なプログラミング環境です。対話的なプログラミング環境のもとでは、プログラムを入力してはその都度、実行し、その実行結果が表示された後にその続きとなるプログラムを作成します。

実はPythonは、プログラムのファイルを指定しないでコマンドを実行すると、自動的に対話モードの環境が実行されます。

そのため、Pythonのコマンドだけで対話的なプログラミング環境は実現できるのですが、ここではより便利に使える対話的なプログラミング環境として、Jupyter Notebookによる環境を紹介します。

### ◆Jupyter Notebookのインストール

Jupyter Notebookは、Pythonをはじめとする多くのプログラミング言語に対応した、対話的なプログラミング環境を提供するツールです。

プログラム全体を完成させてから実行する一般的な実行環境とは異なり、部分的なプログラムの実行結果をその都度、表示したり、プログラムの合間にマークダウン言語で記述できるメモを配置したりして、プログラムの実行結果だけでなく実行の過程も含む「ノートブック」を作成して、プログラミング作業全体を保存できることが特徴です。

Jupyter Notebookの実行環境は、Webサーバーとして実行され、ブラウザからその環境にアクセスし、プログラミングを行います。

まずは次のように、pip3コマンドを使用して、Pythonの実行環境にjupyterパッケージをインストールします。

```
$ sudo pip3 install jupyter
```

Pythonのバージョン2.x系を使用する場合は、次のようにpipコマンドで同名のパッケージをインストールします。

```
$ sudo pip install jupyter
```

### ◆初めてのJupyter Notebook

インストールが完了したら、次のコマンドでJupyter Notebookを起動します。

```
$ jupyter notebook
```

Jupyter Notebookにはブラウザ上からアクセスするので、ブラウザを開き、アドレスバーに「http://127.0.0.1:8080/」と入力します。

■ SECTION-004 ■ その他の目的に応じた「Hello, World」

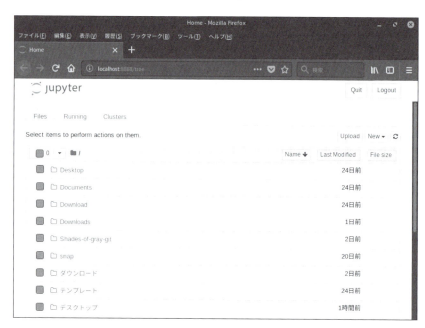

　すると、上記のような画面が開きます。この画面には、Jupyter Notebookの実行パス以下にあるフォルダ一覧が表示されるので、ノートブックを保存したいフォルダへと移動し、「New」から「Python3」を選択します。

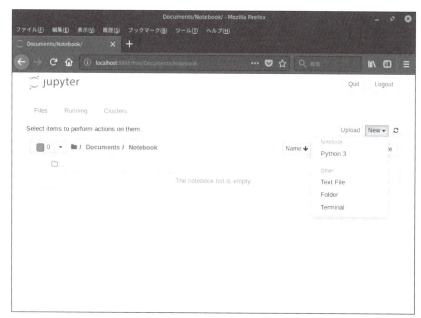

すると、次のように、空のノートブックが作成されます。このうち、画面の一番上の欄にはノートブックのタイトルを入力します。ノートブック内の入力エリアは「セル」と呼び、この中にプログラムのコードや、マークダウン言語でメモを記述します。

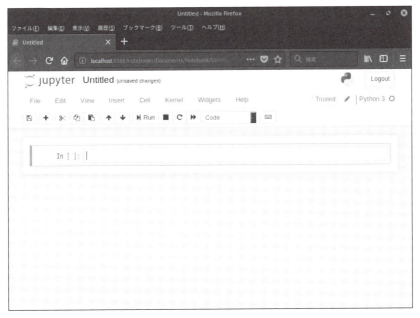

まずは最初のセルの種類を「code」から「Markdown」に変更し、ノートブックの説明文を書いてみます。

■SECTION-004■ その他の目的に応じた「Hello, World」

そして、「Run」ボタンをクリックすると、記載した説明文がノートブック上に反映され、新しいセルが作成されます。

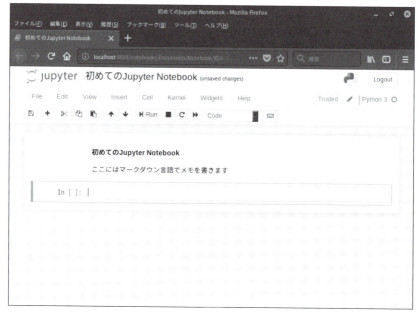

新しく作成されたセルには、Pythonのプログラムを記載します。ここでは、「print」関数で標準出力へメッセージを出力するコードを書きます。

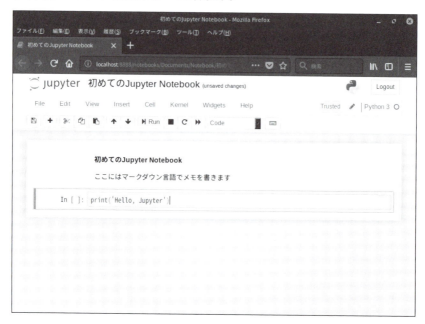

再び「Run」ボタンをクリックすると、作成したPythonのコードが実行され、ノートブック上に出力したメッセージが表示されます。

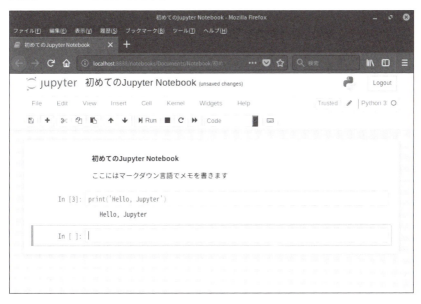

その他にも、Jupyter Notebookでは、式を評価する行が実行されると、その値をノートブック上に表示する機能があるので、変数の内容を確認するなどの用途でしたら、必ずしもprint関数の実行は必要ありません。

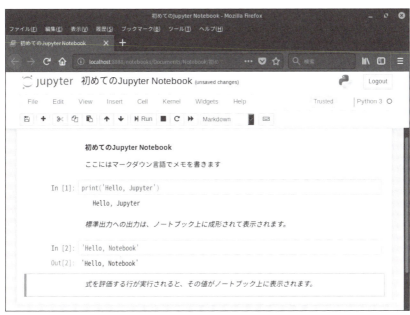

■ SECTION-004 ■ その他の目的に応じた「Hello, World」

作成したノートブックは「.ipynb」という拡張子で保存されます。

保存したノートブックは次のように、JSON形式のファイルで、プログラムのコードだけでなくその実行結果も含まれたものとなります。

したがってPythonでデータの解析を行う場合、Jupyter Notebookを使うと、どのような解析処理を行ったのかと、その結果がどのようになったのかを同時に保存することができます。

```
{
 "cells": [
  {
   "cell_type": "markdown",
   "metadata": {},
   "source": [
    "**初めてのJupyter Notebook**\n",
    "\n",
    "ここにはマークダウン言語でメモを書きます"
   ]
  },
  {
   "cell_type": "code",
   "execution_count": 4,
   "metadata": {},
   "outputs": [
    {
     "name": "stdout",
     "output_type": "stream",
     "text": [
      "Hello, Jupyter\n"
     ]
    }
   ],
   "source": [
    "print('Hello, Jupyter')"
   ]
  },
  {
   "cell_type": "markdown",
   "metadata": {},
   "source": [
    "*標準出力への出力は、ノートブック上に成形されて表示されます。*"
   ]
  },
  {
   "cell_type": "code",
   "execution_count": 5,
   "metadata": {},
   "outputs": [
```

SECTION-004 ■ その他の目的に応じた「Hello, World」

```
  {
   "data": {
    "text/plain": [
     "'Hello, Notebook'"
    ]
   },
   "execution_count": 5,
   "metadata": {},
   "output_type": "execute_result"
  }
 ],
 "source": [
  "'Hello, Notebook'"
 ]
},
{
 "cell_type": "markdown",
 "metadata": {},
 "source": [
  "*式を評価する行が実行されると、その値がノートブック上に表示されます。*"
 ]
},
{
 "cell_type": "code",
 "execution_count": null,
 "metadata": {},
 "outputs": [],
 "source": []
},
{
 "cell_type": "code",
 "execution_count": null,
 "metadata": {},
 "outputs": [],
 "source": []
}
],
"metadata": {
 "kernelspec": {
  "display_name": "Python 3",
  "language": "python",
  "name": "python3"
 },
 "language_info": {
  "codemirror_mode": {
   "name": "ipython",
   "version": 3
```

■ SECTION-004 ■ その他の目的に応じた「Hello, World」

```
    },
    "file_extension": ".py",
    "mimetype": "text/x-python",
    "name": "python",
    "nbconvert_exporter": "python",
    "pygments_lexer": "ipython3",
    "version": "3.7.0"
   }
  },
  "nbformat": 4,
  "nbformat_minor": 2
 }
```

　JSON形式のipynbファイルはそのままだと見にくいですが、GitHubなどのソースコード共有サービス上ではJupyter Notebookと同じ形でレンダリングして表示することができます。

# CHAPTER 02

## 処理制御と関数

## SECTION-005

# 条件分岐

### ● 処理ブロックとコメント

初めてプログラミング言語を学び、コンピュータに対して処理の命令を与えることができるようになると、さまざまな処理をコンピュータに行わせてみたくなります。

あんな処理を行い、次はこんな処理を行い……でもちょっと待ってください。それはまるで、目的地に向かうにはアクセルを踏めばよい、とだけ指示して車を走らせるようなものです。

実際に車を目的地に到達させるには、アクセルを踏むだけではなく、カーブではハンドルを切り、止まるときはブレーキを踏むことも覚えなければなりません。

とは言っても、「ブレーキを踏め」というだけの命令では、いつまで経っても車は動き出しませんね。必要なのは、「止まるときは」→「ブレーキを踏め」という条件を指定した命令を作成すること。つまり条件による処理の流れを制御することなのです。

「プログラムは、プログラマが思った通りには動かない。プログラマが書いた通りに動く」という格言があるように、プログラムの「動き方」はすべてプログラマがプログラムコードに記述するものなのですが、その「動き方」こそ、条件による処理の流れの制御にほかなりません。

この章では、そうした処理の流れを制御する方法について解説をします。

### ◆ ファイル操作について少しだけ

前章では、標準出力へと文字列を書き込むことで、コンソールにメッセージを表示するCUIアプリケーションを作成しました。

では、標準出力以外の場所へ文字列を書き込むにはどうすればよいでしょうか？　ここでは例として、ファイルに文字列を書き込む処理について扱います。

PCを扱う上で、ファイルの作成はシステムが用意してくれる基本的な機能の1つですが、実際にシステムはファイルを作成するときに、何をしているのでしょうか？

もしそのファイルがハードディスクに保存されるならば、実際に行われるのは、ハードディスクのディスクを回転させて、ヘッドを移動し、磁気を書き込むことです。

しかし、すべてのプログラムがそうした基本的なハードウェアの制御を行おうとすると大変なことになるので、そのような制御はドライバソフトウェアやオペレーティングシステムが受け持ち、抽象化されたAPIを通じてアプリケーションプログラムから「ファイル作成」という機能を利用できるようにしています。

一般的なオペレーティングシステムにおいて、ファイルを作成する際には、通常、次のような手順が踏まれます。

- ファイル名を指定してファイルを開き、ストリームを取得する
- ストリームに対してデータを書き込む
- ストリームを閉じて書き込んだ内容をディスク上のファイルに反映させる

上記の手順を、そのままPythonのコードにすると、次のようになります。

■SECTION-005 ■条件分岐

```
f = open( 'filename.txt', 'w' )
f.write( 'Hello, World\n' )
f.write( 'How are you, System\n' )
f.write( 'Nice to meet you, Python\n' )
f.close()
```

　上記のコードにある「open」関数は、ファイルを開く機能を提供する関数です。「open」関数を、ファイル名と「w」という文字列を指定して呼び出すと、そのファイルに対するストリームが返されるので、上記のコードではそれを「f」という変数に代入しています。

　その後、ストリームに対する「write」関数で文字列を書き込み、「close」関数でストリームを閉じています。

　上記のコードを実行すると、次のように「filename.txt」に3行のメッセージが保存されるはずです。

```
$ cat filename.txt
Hello, World
How are you, System
Nice to meet you, Python
```

◆ 処理ブロック

　さて、この場合、ファイルは一度、開かれたら、必ず閉じられなければなりません。また、ストリームに対する操作は、必ずファイルが開かれた後、閉じられるまでの間に行わなければならないという制限もあります。

　ファイルを作成する場合に重要なのは、その中間にあるストリームに対する操作になるので、それ以外の部分を1行にして、次のように書くこともできます。

```
with open( 'filename.txt', 'w' ) as f:
    f.write( 'Hello, World\n' )
    f.write( 'How are you, System\n' )
    f.write( 'Nice to meet you, Python\n' )
```

　上記のコードにある「with」は、その直後で開いているファイルを「as」以降の名前の変数に代入した後、直下の処理ブロックを実行して、処理ブロックの実行が終わったらファイルを閉じる、という動作をします。

　つまり、「with open( 'filename.txt', 'w' ) as f:」という行が、前述の手順中の次の手順を受け持ちます。

- ● ファイル名を指定してファイルを開き、ストリームを取得する
- ● ストリームを閉じて書き込んだ内容を反映させる

　その直下にある3行が次の手順を受け持っているわけです。

- ● ストリームに対してデータを書き込む

51

ここで、先ほどの手順における「ストリームに対してデータを書き込む」を受け持つ3行が、すべて同じ**インデント**(字下げ)でまとめられている点に注目してください。

このように、いくつかの命令をひとまとまりとして扱う場合、その命令のまとまりを「処理ブロック」と呼びます。上記の例のように、Pythonでは処理ブロックの定義をインデント(字下げ)で行います。

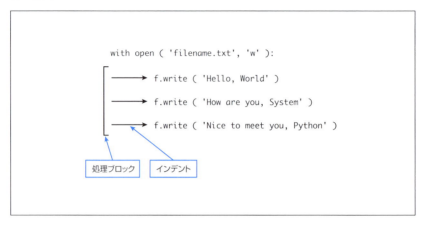

処理ブロックを定義するインデントは半角スペースまたはタブ文字を使用しますが、同じ処理ブロック中では同じ文字を使用しなければなりません。

つまり、次のように同じ処理ブロック内に半角スペースとタブを混在させることはできません。また、全角スペースやその他のスペースとなるマルチバイト文字はインデントに使用できません。

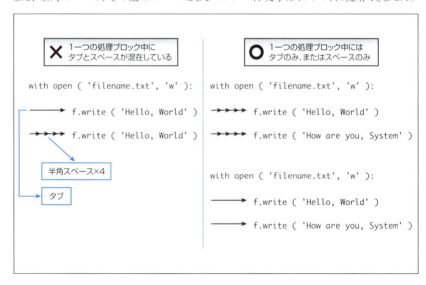

■ SECTION-005 ■ 条件分岐

　処理ブロックをインデントで定義するため、Pythonでは必然的に正しいインデントでコーディングすることになり、プログラミング初心者であっても処理構造を把握しやすいプログラムを作成できます。

　一方で、同一の処理ブロック内においてはタブとスペースを混在させることはできず、ソフトタブなどエディタの設定によっては、コピー＆ペーストするだけでプログラムの処理構造が破壊されてしまうこともあり、他者のコードを流用してプログラムを開発する際には注意が必要です。

　なお、ファイルの操作についてはCHAPTER 06で詳しく扱うので、ここではこれ以上の解説はしません。

### ◆「pass」文

　Pythonでは、処理ブロックをインデントによって定義するので、特にすべき処理がない空の処理ブロックにおいては、処理ブロックの記述自体がなくなってしまいます。

　しかし、それでは、何らかの処理ブロックを前提としている構文を記述することができないので、「何もしない」という意味の命令である「pass」文が用意されています。

```
with open( 'filename.txt', 'w' ) as f:
  pass
```

　「pass」文は特に何も実行せずに、次の行へと処理を移します。これは上記のように、何もしない空の処理ブロックを定義する際に利用されます。

### ◆ コメント

　プログラマが、プログラムのソースコードに書くものは、必ずしもプログラムの処理だけではありません。

　プログラムの実行時には無視されるものの、人間がそのソースコードを読むときに手助けとなるようにと、プログラマはソースコード内に自由な文章を記載することがあり、それを「**コメント**」と呼びます。

　Pythonでは、「#」（シャープ）から始まる行はコメントとして扱われ、プログラムの実行時には無視されます。

```
# これはコメントです
print( 'Hello, World' )
```

　また、行の「#」（シャープ）より後ろがコメントとして扱われるので、行の途中からコメントとすることもできます。

```
print( 'Hello, World' )  # これはコメントです
```

　コメントの内容は実行時には無視されますが、処理ブロックの中にあるコメントは、コメントが含まれる処理ブロックと同じインデントで字下げされなければなりません。

　たとえば、次のコードは、コメント行のインデントが崩れているので、正しく動作しません。

CHAPTER 02

処理制御と関数

53

■ SECTION-005 ■ 条件分岐

```python
with open( 'filename.txt', 'w' ) as f:
  f.write( 'Hello, World\n' )
# これは間違ったコメントです
  f.write( 'How are you, System\n' )
```

正しくは次のように、前後の行と同じインデントを付けてコメントを記載します。

```python
with open( 'filename.txt', 'w' ) as f:
  f.write( 'Hello, World\n' )
  # これは正しいコメントです
  f.write( 'How are you, System\n' )
```

◆ドキュメンテーション文字列

Pythonでは、1行のみのコメントは「#」(シャープ)から始まる行を使用しますが、複数の行からなるコメントは、ドキュメンテーション文字列を利用します。

ドキュメンテーション文字列とは、厳密にはコメントではなく文字列リテラルなのですが、何の変数にも代入されずにその場で定義されるだけの文字列リテラルを、Pythonでは慣習的にコメントとして利用します。

Pythonで複数行にまたがる文字列リテラルを定義するときは、「"""」(ダブルクォーテーション3つ)で文字列を囲みます。

```python
""" 複数の行をコメントにする

この文字列は慣習的にコメントとして扱われます
"""
print( 'Hello, World' )
```

## ▶ 条件分岐

プログラムの処理の流れを制御する場合、その最も基本となるのは、設定した条件によって処理を切り替えるという制御になります。

処理を切り替えるための条件は、条件に合っているか合っていないか、という二択で表される式を使用し、そのような二択を表す値を「**ブーリアン値**」と呼び、ブーリアン値の演算を「ブーリアン演算」と呼びます。

ブーリアン値には「**True**」と「**False**」の2種類があり、それぞれ条件に合っている、合っていないを表します。

◆条件式

結果としてブーリアン値を返す計算式を、ここでは「条件式」と呼びます。

たとえば、「a < 10」は条件式であり、「aが10より小さい場合」に条件に合うと判定します。この場合のように、数値の比較を行う比較式では、次の記号を使用することができます。

54

■SECTION-005 ■ 条件分岐

| 記号 | 説明 |
|------|------|
| < | より小さい |
| > | より大きい |
| <= | 以下 |
| >= | 以上 |
| == | 等しい |
| != | 等しくない |

上記の記号は、通常の数学記号と似ている記法なので、覚えやすいでしょう。また、キーワードの「not」は、ブーリアン値を反転する演算を表しています。

```
a = 10 < 100
print( a )      # Trueと表示される
b = 10 > 100
print( b )      # Falseと表示される
c = 10 == 100
print( c )      # Falseと表示される
d = 10 != 100
print( d )      # Trueと表示される
e = not 10 < 100
print( e )      # Falseと表示される
f = not 10 == 10
print( f )      # Falseと表示される
```

なお、これらの条件式については、CHAPTER 04で再び取り上げます。

◆「if」文

さて、処理ブロックと条件式について解説したので、次は条件による処理の流れの制御について扱います。

条件によってプログラムの処理の流れを制御することを「条件分岐」と呼び、Pythonでは「if」文によって定義します。

「if」文の文法は次のように、「if」の後ろに条件式を記述し、その後に「:」(コロン)という行と処理ブロックからなっており、キーワードの「if」以下にある条件式がTrueと評価されるときに、「if」文の直下にある処理ブロックが実行されます。

```
if 条件式:
    条件に合っていると実行される処理
```

たとえば、次のコードでは条件式は常にTrueとなるので、実行されると常に「Hello, World」と表示されます。

```
if 10 < 100:
  print( 'Hello, World' )
```

55

■ SECTION-005 ■ 条件分岐

◆「elif」文

　「elif」文は、「if」文とともに使われ、最初の「if」文が実行されなかった場合に評価される条件式を備えた条件分岐を定義します。

　「elif」文の文法は次のようになっており、最初の「if」文が実行されず、かつ、キーワードの「elif」以下にある条件式がTrueと評価されるときに、elif文の直下にある処理ブロックが実行されます。

　なお、「elif」文は、1つの「if」文あたり、いくつでも付け加えることができて、その場合、上の「elif」文から順番に条件式が評価されます。

```
if 条件式1:
    条件1に合っていると実行される処理
elif 条件式2:
    条件2に合っていると実行される処理
```

　たとえば、次のコードでは、変数aの中身が10の場合、条件式1はFalse、条件式2はTrueとなるので、実行されると「How are you, System」と表示されます。

```
a = 10
if a > 100:
  print( 'Hello, World' )
elif 1 < a:
  print( 'How are you, System' )
```

◆「else」文

　「else」文は、「if」文、「elif」文とともに使われ、それまでに登場したすべての「if」文、「elif」文が実行されなかった場合に実行される処理を定義します。

　「elif」文の文法は次のようになっており、「if」文も「elif」文も実行されなかったときに、「else」文の直下にある処理ブロックが実行されます。

　なお、「else」文とともに使われる「if」文、「elif」文については、「if」文だけでも構いませんし、複数の「elif」文を使用することもできます。

```
if 条件式1:
    条件1に合っていると実行される処理
elif 条件式2:
    条件2に合っていると実行される処理
else:
    条件1にも条件2にも合っていないとき実行される処理
```

　たとえば、次のコードでは変数aの中身が10の場合、条件式1、条件式2は常にFalseとなるので、実行されると「Nice to meet you, Python」と表示されます。

```
a = 10
if a > 100:
    print( 'Hello, World' )
elif 1 > a:
    print( 'How are you, System' )
else:
    print( 'Nice to meet you, Python' )
```

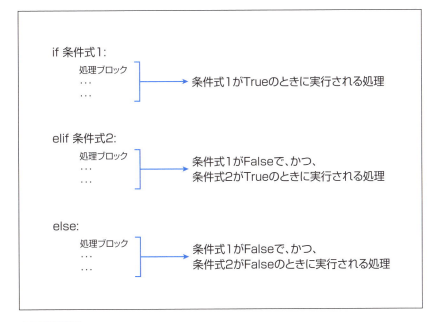

◆ 三項演算子

　三項演算子は、条件分岐と値の代入を組み合わせた式で、1行の中に「条件に合っていれば値1、合っていなければ値2」という処理が含まれたものになります。

　三項演算子の文法は次のようになっています。

```
値1 if 条件式 else 値2
```

　三項演算子は式であり、その値を変数に代入することで、条件によって変数の値が変わるような処理を実装できます。
　また、次のように三項演算子を組み合わせて使用することもできます。

```
a = 10
b = 'Hello' if a < 100 else 'World'
print( b )      # 「Hello」と表示される
c = 'Hello' if 1 > a else 'How are you' if a < 100 else 'Nice to meet you'
print( c )      # 「How are you」と表示される
```

# SECTION-006

# 繰り返し処理

## 繰り返し処理の対象

条件によって処理を分けることと同様に、プログラミング上、基本となる処理の流れの制御には、「同じ処理を繰り返し行う」というものもあります。

そのような繰り返し処理を、プログラミング用語で「**ループ**」と呼び、Pythonでもループを作成するための構文が用意されています。

ループは、ある一連のデータに対して同じ処理を行うといった用途で作成されることがありますが、ここではループの紹介の前に、まず、Pythonでそのような「一連のデータ」を扱うための方法を、簡単に紹介します。

### ◆ 値のリストとイテレータについて少しだけ

CHAPTER 01ではプログラム上で使用する値を保存しておく箱として「変数」を解説しました。Pythonで利用できる変数にはいくつか種類があり、複数のデータからなる「一連のデータ」を入れられる変数も存在します。

Pythonでそのような「一連のデータ」を扱う場合、「**リスト**」と「**タプル**」という種類の変数がよく使われます。リストとタプルは、機能にやや差がありますが、ともに順番を持った複数のデータを入れることができる変数で、それぞれ「**[ ]**」（角括弧）と「**( )**」（丸括弧）でいくつかのデータを囲むことで定義できます。

```
[0, 1, 2, 3, 4]   # これは、0,1,2,3,4の要素を含むリスト
(0, 1, 2, 3, 4)   # これは、0,1,2,3,4の要素を含むタプル
```

リストとタプルを利用することで、1つの変数で複数のデータを表すことができます。

リストやタプルから、その中に格納されている値そのものを取り出すには、次のように変数に対して「**[ ]**」（角括弧）を添えて、取り出したい値のインデックスを指定します。

```
a = [0, 1, 2, 3, 4]
print( a )        # 「[0, 1, 2, 3, 4]」と表示される
print( a[ 0 ] )   # 「0」と表示される
print( a[ 1 ] )   # 「1」と表示される
print( a[ 2 ] )   # 「2」と表示される
b = (0, 1, 2, 3, 4)
print( b )        # 「(0, 1, 2, 3, 4)」と表示される
print( b[ 0 ] )   # 「0」と表示される
print( b[ 1 ] )   # 「1」と表示される
print( b[ 2 ] )   # 「2」と表示される
```

■ SECTION-006 ■ 繰り返し処理

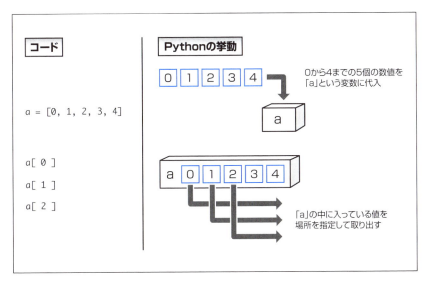

一方で、繰り返し処理でよく使われる**イテレータ**という種類では、データを表す値そのものではなく、一連のデータを生成可能なルールとして、データを保持します。

イテレータの1つに、一連の数値データを生成する「range」型があります。「range」型は、「range」関数に一連のデータを生成するルールを与えて呼び出すことで作成できます。

たとえば、上記のリストと同様に、0から4までの数値を扱う場合、次のように「range」関数を呼び出します。

```
range( 0, 5, 1 )    # これは、0から4まで、1ずつ増えるイテレータを返す
range( 0, 5 )       # 上と同じ
range( 5 )          # 上と同じ
```

イテレータは、リストやタプルと同様に変数にすることができますが、実際にコンピュータのメモリに格納されるのは、生成される値そのものではなく、値を生成するためのルールとなります。

実際に値を使用するときに、そのルールに従って値が生成されるため、大量の値を必要とするときにはイテレータを利用する方が、メモリ効率が良くなります。

```
c = range( 5 )
print( c )          # 「range(0, 5)」と表示される
print( c[ 0 ] )     # 「0」と表示される
print( c[ 1 ] )     # 「1」と表示される
print( c[ 2 ] )     # 「2」と表示される
```

■ SECTION-006 ■ 繰り返し処理

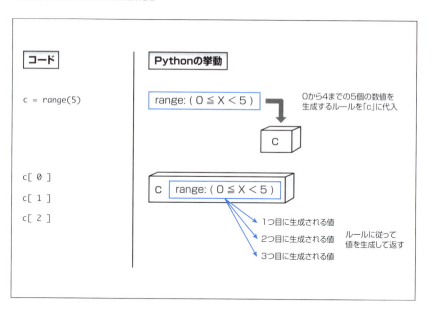

　なお、リスト・タプルやその他のデータ型については、CHAPTER 03、CHAPTER 04で詳しく解説します。

### ● ループ
　Pythonでのループは、処理ブロック内にループしたい処理を記述し、その処理の繰り返し条件を処理ブロックの前に記述することが基本となります。

#### ◆「for」文
　「for」文は、あらかじめ処理する対象のデータがわかっている場合に利用しやすいループの構文で、次のように、「for」の後ろに新しく使用する変数の名前を記載し、その後に「in」と繰り返し可能なデータ、最後に「:」(コロン)をつなげた構文です。

　「for」文の直後には処理ブロックを作成し、その処理ブロックの中で、「for」文で名前を指定した変数に、繰り返し可能なデータから取り出した値が入ります。

```
for 変数名 in 繰り返し可能なデータ:
    処理ブロック
```

■ SECTION-006 ■ 繰り返し処理

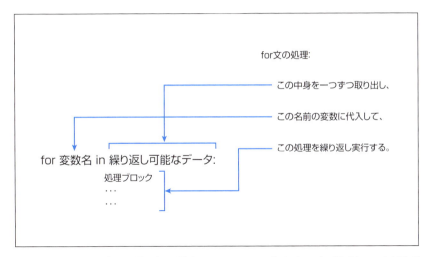

Pythonではこのような、繰り返し可能なデータについて、「**イテレータブル**」なデータと呼びます。イテレータブルなデータの例としては、リスト・タプル・イテレータなどがあります。

リスト・タプルはともに順序を持った値を保持しており、「for」文で使用する場合も、その順序の通りに値が取り出されて利用されます。

また、イテレータは値を生成する順序を持っており、同じく生成される順序に従って、「for」文の処理ブロックが実行されます。

そのため、次の3つの「for」文はすべて、0から4までの数字を順番に、1行ずつ表示します。

```
for i in [0, 1, 2, 3, 4]:
    print( i )    # 0から4まで1行ずつ表示される
for j in (0, 1, 2, 3, 4):
    print( j )    # 0から4まで1行ずつ表示される
for k in range( 5 ):
    print( k )    # 0から4まで1行ずつ表示される
```

上記の例では数値をループ内で使用していますが、「for」文の中で使用される変数の型は、数値でなくても構いません。

```
h = [ 'Hello, World', 'How are you, System', 'Nice to meet you, Python' ]
for l in h:
    print( l )    # メッセージが3行表示される
```

また、イテレータブルなデータには、リストやタプル以外にも、文字列があります。
次の例では、文字列に含まれている文字を1つずつ取り出して表示します。

```
for m in 'ABC':
    print( m )    # AからCまで1文字ずつ3行表示される
```

文字列の操作については、CHAPTER 05で詳しく解説します。

## ■ SECTION-006 ■ 繰り返し処理

### ◆「while」文

「while」文は、繰り返し処理を行う際の条件が定義できる場合に利用しやすいループの構文で、次のように、「while」の後ろに条件式を記載し、最後に「:」（コロン）をつなげた構文です。

「while」文は「if」文と似ていますが、「if」文が1度だけ処理ブロックを実行するのに対して、「while」文では条件式がTrueと評価される間は処理ブロック繰り返し実行します。

```
while 条件式:
    処理ブロック
```

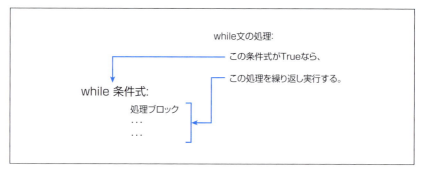

条件式は、処理が繰り返し実行される都度、改めて評価されます。そのため、「while」文の処理ブロック内で条件式の結果が変わるような演算を行うことで、ある条件に達したら繰り返し処理を中止するといった制御が可能になります。

```
a = 0
while a < 10:
    a = a + 1
    print( a )    # 1から10まで10行の数字が表示される
```

たとえば、上記のコードでは、条件式は「変数aが10より小さい」です。変数aの値は最初は0ですが、処理ブロックの中で変数aの値を1ずつ増やしているので、結果として10回分処理ブロックが実行されます。

### ◆「while～else」文

また、「while」文は、「if」文と同じように「else」文を付属して使用することができます。「while」文に対する「else」文は、一度もループ内の処理ブロックが実行されなかったときに実行されます。

```
a = 10
while a < 10:
    a = a + 1
    print( a )
else:
    print( 'no loop' )    # 「no loop」と表示される
```

■ SECTION-006 ■ 繰り返し処理

◆「break」文

その他にも、ループの処理ブロック内で、実行中のループを制御することもできます。

「break」文は、今実行中のループを中断して、ループの外に抜ける命令です。「break」文は次のように、「if」文の中に作成しても、最も近いループ（「for」文または「while」文）に対して、ループを中断させます。

```
a = 0
while True:
    a = a + 1
    if a > 10:
        break
    print( a )        # 1から10まで10行の数字が表示される
print( 'loop ended' )      # 「loop ended」と表示される
```

上記のコードでは、「while」文に指定されている条件式は常にTrueですが、変数「a」の値が10より大きくなった時点で「break」文が呼び出されるので、「while」文は10回だけ実行され、最後に「while」文の外側の「print」関数まで処理が到達し、「loop ended」と表示されます。

◆「continue」文

また、「continue」文は、処理ブロック内の今の処理を中断し、ループの条件式の評価まで処理を移します。

```
a = 0
while True:
    a = a + 1
    if a < 10:
        continue
    print( a )        # 「10」と表示される
    break
print( 'loop ended' )      # 「loop ended」と表示される
```

上記のコードでは、「while」文に指定されている条件式は常にTrueで、処理ブロックの中で「print」関数が呼び出されていますが、変数「a」の値が10より小さいときは「continue」文が呼び出されるので、「while」文の中の「print」関数まで処理が到達しません。

変数「a」の値が10以上になると「continue」文は呼び出されなくなるので、「while」文の中の「print」関数まで処理が到達し、変数aの内容が表示されます。

そのため、上記のコードでは「while」文のループ自体は10回実行されますが、表示される数字は「10」と一度だけであり、最後に「break」文でループを抜けて「loop ended」と表示されます。

その他のループに関するテクニックは、CHAPTER 04で再び解説します。

## SECTION-007

# 関数

### ▶関数の定義と呼び出し

Pythonでは、関数型プログラミングやオブジェクト指向プログラミングなど、いくつかのパラダイムによるプログラミングスタイルが利用できます。

そうしたプログラミングスタイルでは、関数と呼ばれる機能を使用して、プログラムの処理を構造化します。

ここでは、Pythonにおける関数の基本について解説をします。なお、関数のその他の形式や、より詳しい解説は後のCHAPTER 04で再び取り上げます。

#### ◆ 関数の定義

関数とは、処理ブロックに対して、後から呼び出せるように名前を付けて定義したものです。変数がデータを入れる箱であるのに対して、処理を入れてある箱である、ということもできるでしょう。

関数を定義するには、次のように、「def」の後ろに定義する関数の名前、そして丸括弧と必要であれば引数、最後に「:」コロンを使用します。そして、関数の定義の直後にある処理ブロックが、その関数の中にある処理、ということになります。

```
def 関数の名前( 引数のリスト ):
    処理ブロック
```

たとえば、次の例では、「print」関数を3回呼び出す処理ブロックを、「showMsg」という名前の関数として定義しています。

```
def showMsg():
  print( 'Hello, World' )
  print( 'How are you, System' )
  print( 'Nice to meet you, Python' )
```

#### ◆ 関数を呼び出す

関数の呼び出しはCHAPTER 01で紹介した「print」関数のときと同じく、「()」（丸括弧）で行います。

先ほど作成した「showMsg」関数には引数がないので、次のようにただ単に丸括弧を添えて関数名を記載することで、「showMsg」関数を呼び出すことができます。

```
showMsg()
"""
Hello, World
How are you, System
Nice to meet you, Python
と表示される
"""
```

前ページのコードを実行すると、関数内の処理ブロックで定義した3つのメッセージが表示されます。

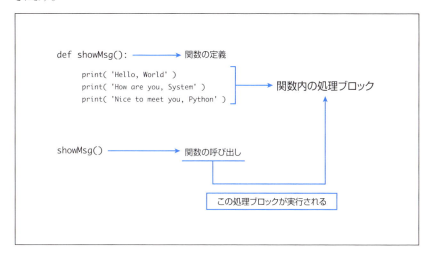

## ●関数の引数

通常の処理ブロックでは、それ以前の処理によって作成されたデータを処理して、それ以降の処理に利用できるように、変数に格納しておく場合があります。

関数においても同様に、処理ブロックの中で必要となるデータを引数として受け取り、処理の結果を関数の呼び出し元で利用できるように、戻り値として返す仕組みがあります。

### ◆関数の引数

関数の引数とは、関数を呼び出す際に、目的の関数に対して引き渡すデータのことです。

関数に引数を設定するには、次のように、関数を定義する際に丸括弧の中に、変数名として利用したい引数を用意します。関数の引数は複数指定することもできて、その場合は「,」（カンマ）引数の名前を続けて記載します。

```
def showMsg( msg1, msg2, msg3 ):
  print( msg1 )
  print( msg2 )
  print( msg3 )
```

そして、関数を呼び出す際に、次のように、丸括弧の中に関数に引き渡すデータを記載します。複数の引数がある場合は、やはり「,」（カンマ）を使用します。

```
showMsg( 'Hello, World', 'How are you, System', 'Nice to meet you, Python' )
```

また、引数の定義時に「=」（イコール記号）で値を代入すると、その値はデフォルトの値として扱われて、関数の呼び出し時には省略することができるようになります。

■SECTION-007■関数

```
def showMsg( msg1, msg2='Good morning', msg3='See you later' ):
  print( msg1 )
  print( msg2 )
  print( msg3 )
```

上記の例では、最初の1つの引数は必須で、残り2つの引数にはデフォルトの値が設定されています。

```
# 3つ引数を指定する
showMsg( 'Hello, World', 'How are you, System', 'Nice to meet you, Python' )
"""
Hello, World
How are you, System
Nice to meet you, Python
と表示される
"""
```

```
# 2つ引数を指定する（最後の引数はデフォルトの値）
showMsg( 'Hello, World', 'How are you, System' )
"""
Hello, World
How are you, System
See you later
と表示される
"""
```

```
# 1つ引数を指定する（残り2つの引数はデフォルトの値）
showMsg( 'Hello, World' )
"""
Hello, World
Good morning
See you later
と表示される
"""
```

## ◆引数の名前と順序

関数の引数は、何も指定しなければ、関数を定義したときの順序に従って評価されます。しかし、引数にデフォルトの値を指定することで、引数として取り得る数が変わるので、指定した値がどの引数に対応するのか、わかりにくくなることが考えられます。

そこでPythonでは、関数の呼び出し時に、引数の名前を指定することで、明示的にどの引数に与える値なのかを設定できるようにしています。

たとえば、先ほどの「showMsg」関数では、3つの引数のうち2つにデフォルトの値が設定されていました。この関数を2つの値を引数にして呼び出す場合、次のように、2つ目の値がどの引数に相当するものなのか、関数の呼び出し時に指定することができます。

■SECTION-007 ■ 関数

```
# 最初と2つ目の引数を指定する
showMsg( 'Hello, World', msg2='How are you, System' )
"""
Hello, World
How are you, System
See you later
と表示される
"""


# 最初と3つ目の引数を指定する
showMsg( 'Hello, World', msg3='Nice to meet you, Python' )
"""
Hello, World
Good morning
Nice to meet you, Python
と表示される
"""
```

　デフォルトの値が設定されていない値についても同じように引数の名前を使って指定することが可能です。

　また、引数の名前を使用すれば、引数として与える値の順番も、必ずしも関数を定義した際の順番と同じでなくてよくなります。引数の名前が指定されている場合、与えた値の順番よりも、名前で指定した引数の方が優先されます。

```
# 最初と3つ目の引数を指定する
showMsg( msg1='Hello, World', msg3='Nice to meet you, Python' )
"""
Hello, World
Good morning
Nice to meet you, Python
と表示される
"""


# 3つの引数を順不同に指定する
showMsg( msg1='Hello, World', msg3='Nice to meet you, Python', msg2='How are you, System' )
"""
Hello, World
How are you, System
Nice to meet you, Python
と表示される
"""
```

■ SECTION-007 ■ 関数

## 🔵 関数の戻り値

　関数の行える処理は、メッセージを表示するなどデータを受け取って完結するものばかりではありません。関数では、受け取ったデータを処理して、その結果を関数の呼び出し元に、**戻り値**として返すこともできます。

### ◆ 関数の戻り値

　関数の戻り値とは、その関数の実行結果を呼び出し元へと戻す際の値です。

　関数で戻り値を使用するには、次のように関数の中の処理ブロックで「**return**」文を使用して、関数が返す値を指定します。

```
def 関数名( 引数 ):
  return 戻り値
```

　たとえば、2つの引数を取り、その引数を足し合わせた値を返す関数は、次のようになります。

```
def plusVal( val1, val2 ):
  r = val1 + val2
  return r
```

　「**return**」文が実行されると、その関数は即座に終了して、呼び出し元へと処理を戻します。そのため、次のように「**return**」文の後に処理が記述されていても、その文は実行されません。

```
def plusVal( val1, val2 ):
  r = val1 + val2
  return r
  print( 'Hi, Value' )    # 実行されない
```

　関数の戻り値は、その関数を呼び出すときに、関数の呼び出しそのものを式として評価した値になります。つまり、次のコードでは、最初の行はその場で直接、10と20の値を足し合わせていますが、次の行では関数の中で10と20の値を足し合わせており、結果として変数「a」と変数「b」には、同じく30の値が入ることになります。

```
a = 10 + 20       # a=30となる
b = plusVal( 10, 20 )    # b=30となる
```

　関数を呼び出す際には、その呼び出しそのものが戻り値を表す式となるので、次のように式の一部として関数の呼び出しを使うこともできます。

　次のコードでは、10と20と30の値を足し合わせていますが、結果として変数「c」と変数「d」と変数「e」には、同じく60の値が入ることになります。

```
c = 10 + 20 + 30     # c=60となる
d = plusVal( 10, 20 ) + 30    # d=60となる
e = 10 + plusVal( 20, 30 )    # e=60となる
```

■SECTION-007 ■ 関数

◆複数の戻り値を返す

また、「return」文で指定する値を「 , 」（カンマ）で区切れば、複数の値を同時に戻り値として返すこともできます。

たとえば、2つの引数を取り、その加算した値と減算した値を返す関数は、次のようになります。

```
def plusMinusVal( val1, val2 ):
  p = val1 + val2
  m = val1 - val2
  return p, m
```

この関数の戻り値を得るには、次のように、戻り値を変数に代入する際に、「 , 」（カンマ）で必要な数の変数を指定します。

```
a, b = plusMinusVal( 20, 10 )  # a=30, b=10となる
```

このような、複数の値を返す関数が返している戻り値は、正確にはタプルとなります。そのため、次のように、戻り値をタプルとなる変数に代入し、後からその中身を取り出して使用することもできます。

```
t = plusMinusVal( 20, 10 )
c = t[0]        # c=30となる
d = t[1]        # d=10となる
```

さらに、複数の戻り値の実態はタプルなので、forループでその中の値をすべて取り出すこともできます。

```
for s in plusMinusVal( 20, 10 ):
  print( s )
"""
30
10
と表示される
"""
```

## mapとlambda式

繰り返し処理（58ページ）で解説したイテレータと関数を組み合わせると、ループを使用せずに「同じ処理を繰り返し行う」ことができます。

ここではPythonにある「map」関数を使用して、繰り返し処理を行う関数の作成方法を解説します。

◆「map」関数

「map」関数は、引数に別の関数とイテレータブルなデータを取り、その関数をデータの各要素に適用させるイテレータを返します。引数に指定する方の関数は、イテレータ内の各要素に対する個別の処理を記述します。

■ SECTION-007 ■ 関数

たとえば、引数に与えられた値に3を加えた結果を返す関数を「**plusthree**」関数として作成し、1から4までのリストと共に「**map**」関数を呼び出すには、次のようにします。

```
def plusthree( x ):
    return x + 3


a = [ 1, 2, 3, 4 ]
b = map( plusthree, a )
```

上記のコードが実行されると、変数の「**b**」には「**map**」関数の結果が入ります。

この結果はイテレータになっており、次のようにループを作成すると、内容をすべて表示させることができます。その結果は次のように、「**map**」関数の引数に与えられた1から4までのリストに対して、それぞれ3を加えたものとなります。

```
for c in b:
    print( c )
"""
4
5
6
7
と表示される
"""
```

「**map**」関数が返す値はイテレータですが、次のように「**list**」関数で変換することで、リストとすることができます。

```
d = list( map( plusthree, a ) )
print( d )    # [4, 5, 6, 7]  と表示される
```

また、「**map**」関数の引数にはPythonの組み込み関数も利用できます。次の例では引数を文字列型に変換する「**str**」関数を使用して、数値の1から4からなるリストを、文字列型のリストへと変換しています。

```
e = list( map( str, a ) )
print( e )    # ['1', '2', '3', '4']  と表示される
```

◆ mapオブジェクトについて

「**map**」関数が返す値は、mapオブジェクトというイテレータですが、このイテレータは、関数の実行結果をそのまま保持しているのではありません。

その代わり、mapオブジェクトは引数で与えられたイテレータブルなデータから値を取り出す際に、その都度、関数を実行します。

そのため、次のように、変数「**f**」を2回リストへと変換しようとしても、2回目は空のリストとなってしまいます。これは、1回目のリストへの変換でイテレータ内のすべての要素が取り出されており、その後は関数の実行が行われないためです。

■ SECTION-007 ■ 関数

```
f = map( plusthree, a )
g = list( f )
print( g )    # [4, 5, 6, 7]  と表示される
h = list( f )
print( h )    # []  と表示される
```

このような仕組みになっているため、「map」関数それ自体は大きなデータに対しても極めて高速に終了します。また、引数のすべての要素に対して関数を実行し、その結果をすべて保存するわけではないので、メモリ効率も優れたものとなります。

その様子を、処理の実行時間を計測することで観察してみることにします。

「time」パッケージにある「sleep」関数を使用すると、Pythonプログラムの実行を一定時間だけ停止できるので、3秒間実行を中断する「sleepthree」という関数を作成し、その関数を「map」関数の引数に指定します。また、「time」パッケージにある「time」関数で、現在の時刻を秒数で取得できるので、プログラムの開始時間を保持しておいて、「print」関数の呼ばれたときの経過時間を表示するようにします。

```
import time

def sleepthree( x ):
    time.sleep( 3 )
    return x

i = [ 1, 2, 3, 4 ]
start = time.time()                          # 開始時間を取得
print( 'before map', time.time() - start )   # 経過時間を表示
j = map( sleepthree, i )
print( 'after map', time.time() - start )    # 経過時間を表示
for j in j:
    print( 'in loop', j, time.time() - start )  # 経過時間を表示
"""
before map 0.0008533000946044922
after map 0.0022416114807128906
in loop 1 3.0065736770629883
in loop 2 6.009757995605469
in loop 3 9.012943267822266
in loop 4 12.016127109527588
と表示される
"""
```

上記のコードでは、「map」関数の実行前と実行後、その後のループ内で経過時間を表示しています。

すると、「map」関数の実行前と実行後の差は極めて少なく、「map」関数自体は高速に処理を終了していることがわかります。

一方、ループ内でイテレータから値を取り出す部分では、1回のループ実行ごとに3秒ほど

■ SECTION-007 ■ 関数

の時間がかかっており、「sleepthree」関数の実行はイテレータから値を取り出す際に行われていることがわかります。

◆ lambda式

先ほどは「def」で定義された通常の関数を引数に、「map」関数を実行しました。このようにPythonでは、「関数を引数に別の関数を呼び出す」ということが可能です。

これは、Pythonにおける関数の名前は、変数と同じように扱われるためですが、このような小さな関数を定義する際に便利な文法に、lambda式があります。

**lambda式**は関数として実行可能な式で、無名関数とも呼ばれます。lambda式は、次のように定義します。

```
lambda 引数: 関数内の処理
```

このlambda式は、数値や文字列リテラルと同じく式として評価されます。また、関数内の処理の実行結果が、通常の関数での戻り値に相当します。

lambda式はたとえば、次のように変数に代入して使うこともできます。次の例では「k」という変数にlambda式を代入していますが、これは「def」文で「k」という名前の関数を作成した場合と、ほぼ同じ扱いになります（ただし、CHAPTER 06で解説する直列化ができないなど、いくつかの制限があります）。

変数に代入したlambda式は「def」で定義した関数と同じように呼び出すことができます。

```
k = lambda x: x + 3     # lambda関数を変数に入れる

l = k( 10 )     # lambda関数を実行
print( l )     # 13と表示される
```

このlambda式を使うと、「map」関数による処理は、極めてシンプルに記述することができます。たとえば、先ほどの「plusthree」関数の代わりにlambda式を使用して「map」関数を呼び出すには、次のようにします。

```
m = map( lambda x: x + 3, a )
for n in m:
  print( n )
"""
4
5
6
7
と表示される
"""
```

上記の例では「plusthree」の代わりに「lambda x: x + 3」というlambda式を「map」関数の引数に入れていますが、その関数内の処理にある「x + 3」という処理が、変数「a」のすべての要素に適用されて、結果として4から7までの値が表示されます。

# CHAPTER 03

## データ型とクラス

## SECTION-008

# データ型

### ▶ 数値型

本質的には0と1のみからなる数値データを扱うことしかできないにもかかわらず、コンピュータの応用分野は非常に多岐にわたります。それは、コンピュータが扱える0と1を利用することで、実世界と関連するさまざまなデータが扱えるようになるからにほかなりません。

これまでの章でも、簡単な文字列や数字として、そうしたデータを扱ってきましたが、コンピュータプログラムが扱うデータの形式はそれ以外にもたくさんあります。そして、プログラム上からそうしたデータを取り扱うために、プログラミング言語はさまざまな方法で実データを抽象化します。

あなたがプログラムに行わせたい処理では、どのようなデータ形式を使用することが望ましいでしょうか？ 少なくとも、コンピュータのメモリ上に存在する0と1をそのまま操作するのではなく、文章であれば文字列として、写真であれば画像データとして、抽象化された形式でデータを扱う方が、プログラマにとってはありがたいでしょう。

そのようなデータの形式は、Pythonが標準で利用できるものと、Pythonの外部パッケージが独自に用意しているものの2種類があります。また、プログラマがクラスとして独自に作成することもできます。

この章では、そうしたデータの抽象化、つまりPythonにおけるデータ型について解説をします。

### ◆ 整数、浮動小数点、複素数

数値はコンピュータが扱うことのできる、最も基本的なデータ型です。

Pythonが標準で用意している数値型のデータには、整数、浮動小数点、複素数の3つがあります。

このうち、整数と浮動小数点については、ソースコード中で数値を記載すれば、その数値に小数点以下の部分があるかどうかで自動的に判定されます。

```
a = 10          # 整数として認識される
b = 10.0        # 浮動小数点として認識される
print( a )      # 10 と表示される
print( b )      # 10.0 と表示される
```

上記の例では、a、bという2つの変数に同じく「10」という値を代入していますが、それらの型は整数、浮動小数点と異なっており、「print」関数で表示する際の形式も異なります。

明示的に数値の型を指定して値を生成するには、整数は「int」関数、浮動小数点は「float」関数を使用します。また、複素数の場合は「complex」関数を使用します。

```
c = int( 10 )          # 整数値としてaに10を代入
d = float( 10 )        # 浮動小数点値としてbに10を代入
e = complex( 10 )      # 複素数値としてcに10を代入
```

■ SECTION-008 ■ データ型

```python
print( c )              # 10 と表示される
print( d )              # 10.0 と表示される
print( e )              # (10+0j) と表示される
```

数値の型が異なっていても、「==」による値の比較では、同じ値であればTrueが返されます。また、「hash」関数は引数が同じであれば常に同じ数値を、引数が異なっていれば常に異なる数値を返す関数ですが、データの型が異なっていても同じ数値であれば同じ数値を返すように定義されています。

```python
print( c == d )                   # Trueと表示される
print( c == e )                   # Trueと表示される
print( hash( d ) == hash( e ) )   # Trueと表示される
print( hash( d ) == hash( c ) )   # Trueと表示される
```

Pythonの浮動小数点では通常、内部的にはC言語のdouble変数が使用されます。そのため、利用できるデータの範囲はプラットフォームによって異なっている可能性があります。

浮動小数点で利用できる値の範囲は、「sys」パッケージの「float_info」から取得することができます。

```python
import sys
print( sys.float_info )
# sys.float_info(max=1.7976931348623157e+308, max_exp=1024, max_10_exp=308,
# min=2.2250738585072014e-308, min_exp=-1021, min_10_exp=-307, dig=15, mant_dig=53,
# epsilon=2.220446049250313e-16, radix=2, rounds=1) と表示される
print( sys.float_info.min )
# 2.2250738585072014e-308 と表示される
print( sys.float_info.max )
# 1.7976931348623157e+308 と表示される
```

上記の例では、利用できる最大の値（絶対値）は1.7976931348623157e+308で、最小の値（絶対値）は2.2250738585072014e-308であることがわかります。

また、複素数では実数部と素数部の2つの値を指定することもできます。

```python
f = complex( 10, 2 )
g = complex( 10, 4 )
print( f )          # (10+2j) と表示される
print( g )          # (10+4j) と表示される
print( c + f )      # (20+2j) と表示される
print( f + g )      # (20+6j) と表示される
```

CHAPTER 03

データ型とクラス

75

■ SECTION-008 ■ データ型

## ◆ Numpyの数値型

使用するビット数を詳しく指定して数値を扱いたい場合には、「numpy」パッケージの数値型を利用することができます。「numpy」パッケージの数値型を使う場合、まず次のように「numpy」パッケージをPythonに追加します。

```
$ pip3 install numpy
$ pip install numpy
```

「numpy」パッケージを追加したら、次のようにビット数を指定した数値型を使用することができるようになります。

```
Import numpy as np
h = np.int8( 10 )           # 8ビット整数で「10」を作成
i = np.int16( 10 )          # 16ビット整数で「10」を作成
j = np.int32( 10 )          # 32ビット整数で「10」を作成
k = np.int64( 10 )          # 64ビット整数で「10」を作成
l = np.float16( 10 )        # 16ビット浮動小数点で「10」を作成
m = np.float32( 10 )        # 32ビット浮動小数点で「10」を作成
n = np.float64( 10 )        # 64ビット浮動小数点で「10」を作成
o = np.float128( 10 )       # 128ビット浮動小数点で「10」を作成
```

## ◆ 数値の表現

また、これまで10進法で表記してきた定数としての数値については、「0b」を先頭にすることで2進数の数値として、「0o」(ゼロにアルファベットのo)を先頭にすることで8進法の数値として、「0x」を先頭にすることで16進法の数値とすることができます。

```
p = 0b1011   # 2進数で1011 = 10進数の11
q = 0o41     # 8進数で41 = 10進数の33
r = 0x2C     # 16進数で2C = 10進数の44
```

2進数と8進数で数値を表現する場合、当然ながら使用できる数字は0と1または0から7までのみになります。また、16進数で数値を表現する場合、0から9までの数値に、アルファベットのAからFまでを加えて16種類とします。なお、数値表現で使用されるアルファベットは、大文字でも小文字でも構いません。

また、Python3では数値中に「_」(アンダーバー)を入れることができます。これは、長い数字を区切るために使用できます。

```
s = 100_000_000           # 10進数で100000000
t = 0b_0001_0101_0111_1000   # 2進数で0001010101111000 = 5496
```

また、浮動小数点については、数値の末尾に「e」とそれに続く数字を付けると、その数字は指数表現の指数として扱われます。つまり、「123.45」と「1.2345e2」と「1234.5e-1」は同じ数です。

■ SECTION-008 ■ データ型

```
u = 123.45
v = 1.2345e2
w = 1234.5e-1
print( u == v )     # Trueとなる
print( u == w )     # Trueとなる
```

さらに、数値の末尾に「j」が付くと、その数値は虚数となります。つまり、「数値+数値j」という表現は複素数となります。

この場合も、「e」および「j」は大文字でも小文字でも構わず、また、指数表現と複素数の表現を同時に使用することもできます。

```
x = 2+13j
y = x + complex( 10, 2 )
print( y )    # (12+15j)   と表示される
z = 7.654e-3 + 3.21e-2j
print( z )    # (0.007654+0.0321j)   と表示される
```

## ⟩ データの集合

変数はデータを入れることができる箱のようなものですが、その箱には常に1つのデータしか入れることができないわけではありません。

データ型によっては、伸び縮みする棚のような変数に複数のデータを入れることもできますし、引き出しごとに見出しの付いた棚のような変数にデータを入れることもできます。

### ◆ リストとタプル

CHAPTER 02でも少し解説しましたが、可変個数のデータを入れることができるデータ型として、最も基本的なものが、リストとタプルです。

リストとタプルはともに、順番付けされた複数個のデータを入れることができるデータ型です。リストとタプルの違いは、リストは伸び縮みする棚のように、データの個数を増やしたり減らしたりできる一方で、タプルはすべての引き出しが決まっている棚のように、データを作成した後はその内容を変更できません。

リストに対して、新しいデータを追加するには「append」または「extend」関数を使用します。リストの途中にデータを挿入するには「insert」関数を使用します。

リストに含まれているデータを削除する場合、削除する位置を指定する場合には「del」文または「pop」関数を使用し、削除する値を指定する場合は「remove」関数を使用します。

```
a = [ 0, 1, 2, 3 ]          # リストを作成する
a.append( 4 )               # 最後にデータを追加する
print( a )                  # [0, 1, 2, 3, 4]   と表示される
a.extend( [ 5, 6, 7 ] )     # 最後にリストのデータを追加する
print( a )                  # [0, 1, 2, 3, 4, 5, 6, 7]   と表示される
a.insert( 1, 10 )           # 新しいインデックス1の位置に10を挿入
print( a )                  # [0, 10, 1, 2, 3, 4, 5, 6, 7]   と表示される
del a[ 1 ]                  # インデックス1のデータを削除
```

## ■SECTION-008■ データ型

```
print( a )         # [0, 1, 2, 3, 4, 5, 6, 7]  と表示される
del a[ 2 : 5 ]     # インデックス2から4までのデータを削除
print( a )         # [0, 1, 5, 6, 7]  と表示される
b = a.pop( 3 )     # インデックス3のデータを取り出してbに代入
print( a )         # [0, 1, 5, 7]  と表示される
print( b )         # 6  と表示される
c = a.pop()        # 最後のデータを取り出してcに代入
print( a )         # [0, 1, 5]  と表示される
print( c )         # 7  と表示される
a. remove( 1 )     # 値が1のデータを削除
print( a )         # [0, 5]  と表示される
```

タプルで変更できないのはデータの個数だけではなく、データの内容についても同様となっています。

つまり、次のように、リストではデータの内容を更新することができますが、タプルについては新しい値で内容を更新することはできません。

```
d = [ 0, 1, 2, 3, 4 ]    # dはリスト
e = ( 0, 1, 2, 3, 4 )    # eはタプル
d[ 0 ] = 10              # dのインデックス0に新しい値を入れる
print( d )               # [10, 1, 2, 3, 4]  と表示される
e[ 0 ] = 10              # エラーとなる
```

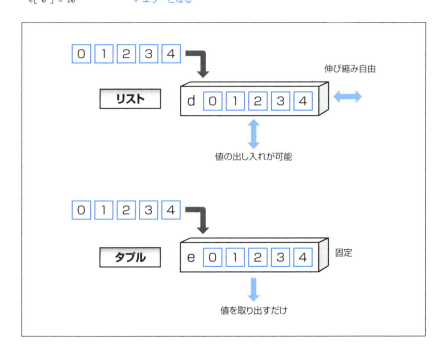

■ SECTION-008 ■ データ型

その他、リストとタプルでは全体的にリストの方が高機能で、リストに対してのみ使用することができる関数として、データが含まれている数を数える「count」関数、データを整列させる「sort」関数、データの順番を逆順にする「reverse」関数、データのコピーを行う「copy」関数、データをすべて削除する「clear」関数があります。

なお、データのソートおよびコピーについては、CHAPTER 04で詳しく解説します。

```
f = [ 6, 3, 4, 1, 9, 1, 8, 7, 0, 4, 1, 2, 5, 6, 8 ]
g = f.count( 6 )
print( g )     # 2   と表示される
h = f.count( 3 )
print( h )     # 1   と表示される
f.sort()
print( f )     # [0, 1, 1, 1, 2, 3, 4, 4, 5, 6, 6, 7, 8, 8, 9] と表示される
f.reverse()
print( f )     # [9, 8, 8, 7, 6, 6, 5, 4, 4, 3, 2, 1, 1, 1, 0] と表示される
i = f.copy()
f.clear()
print( f )     # []   と表示される
print( i )     # [9, 8, 8, 7, 6, 6, 5, 4, 4, 3, 2, 1, 1, 1, 0] と表示される
```

◆ セットとディクショナリ

セットは、リストと同じように複数のデータを入れることができるデータ型ですが、リストとは異なり、同じ値を重複して入れることはできません。

また、リストと異なり、セットには中にあるデータの順番が存在しません。言い換えるならば、セットは、ユニークな要素からなるデータの集まりを定義するデータ型です。

セットを定義するには、「{}」(波括弧)で複数のデータを囲みます。

```
g = { 1, 2, 3, 4 }
print( g )     # {1, 2, 3, 4}   と表示される
h = {6, 3, 4, 1, 9, 1, 8, 7, 0, 4, 1, 2, 5, 6, 8}
print( h )     # {0, 1, 2, 3, 4, 5, 6, 7, 8, 9}   と表示される
```

ディクショナリは、複数個のデータをそれぞれ異なる名前のラベルを付けて入れるデータ型です。ディクショナリは、リストでは連番のインデックスで指定していたデータの場所が、バラバラのラベルで指定するようになっています。

ディクショナリを定義するには、ラベルとデータを「:」(コロン)で区切りつつ、「{}」(波括弧)で複数のデータを囲みます。ラベルに文字列を使用する場合は、「'」(シングルクォーテーション)か「"」(ダブルクォーテーション)で囲みます。

```
i = { 6: 1, 3: 2, 4: 3, 1: 4 }
print( i )        # {6: 1, 3: 2, 4: 3, 1: 4}   と表示される
print( i[6] )     # 1   と表示される
print( i[3] )     # 2   と表示される
j = { 'label_a': 1, 'label_b': 2, 'label_c': 3, 'label_d': 4 }
```

79

```
print( j )              # { 'label_a': 1, 'label_b': 2, 'label_c': 3, 'label_d': 4 }  と表示される
print( j[ 'label_a' ] ) # 1  と表示される
print( j[ 'label_b' ] ) # 2  と表示される
```

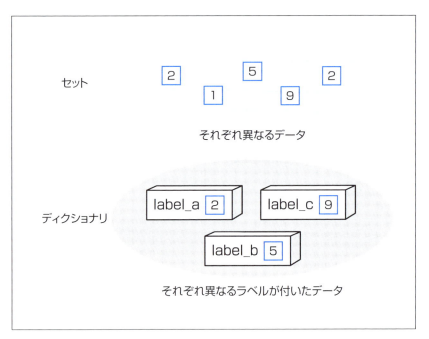

　リスト、タプル、セットは、それぞれ「list」「tuple」「set」関数を使用して変換することができます。データ型の変換を利用した使い方として、リストを一旦、セットに変換してからまたリストに戻すことで、リスト内の重複した要素を削除することができます。

```
k = [ 1, 2, 3, 4, 1, 2, 1 ]     # kはリスト
l = tuple( k )                  # lはタプル
print( l )                      # (1, 2, 3, 4, 1, 2, 1)  と表示される
m = set( l )                    # mはセット
print( m )                      # {1, 2, 3, 4}  と表示される
n = list( set( k ) )            # nは重複を削除したリスト
print( n )                      # [1, 2, 3, 4]  と表示される
```

　ディクショナリ内のラベルの一覧は「keys」関数から、値の一覧は「values」関数から取得することができます。
　また、ディクショナリの「items」関数では、ディクショナリ内のラベルとそのラベルの値からなるタプルのイテレータを作成します。forループ内でタプルのイテレータを扱う際には、タプル内の要素を一度に取得する記法も使用できます。それについてはCHAPTER 04の130ページで解説します。

■ SECTION-008 ■ データ型

```
j = { 'label_a': 1, 'label_b': 2, 'label_c': 3, 'label_d': 4 }
o = j.keys()
print( o )    # dict_keys(['label_a', 'label_b', 'label_c', 'label_d'])　と表示される
p = j.values()
print( p )    # dict_values([1, 2, 3, 4])　と表示される
for q in j.items():
  print( q )
"""
('label_a', 1)
('label_b', 2)
('label_c', 3)
('label_d', 4)
と表示される
"""
```

ディクショナリの「keys」「values」関数から取得する戻り値は、それぞれdict_key型とdict_values型ですが、これらの値はリストとほぼ同じように扱うことができます。また、「list」「tuple」「set」関数を使用してリスト、タプル、セットへと変換することもできます。

なお、リスト、タプル、セット、ディクショナリにおいて、最後のデータの後ろの「,」(カンマ)は、あってもなくてもよいですが、データ数が1のタプルにおいてのみ、数式の「()」(丸括弧)と区別するために、データの後ろに明示的にカンマを付けます。

```
s = [ 0, 1, 2, 3, ]    # リスト
t = ( 3, )             # データ数が1のタプル
u = { 0, 1, 2, 3, }    # セット
v = { 'label_a': 1, 'label_b': 2, 'label_c': 3, 'label_d': 4, }    # ディクショナリ
```

◆ ndarray(Numpy)

ここまでに紹介した、リスト、タプル、セット、ディクショナリは、すべてPythonが言語として備えている標準のデータ型です。しかし、Pythonを使いこなす上では、標準のデータ型以外にも、よく使われる外部パッケージで用意されているデータ型についても知っておく必要があります。

Pythonの代表的な数値計算パッケージであるNumpyでは、リストと同じような配列を表すデータ型を用意しており、Python標準のリストよりもさらに多くの機能を使うことができます。

なお、Numpyパッケージのインストール方法については、76ページを参照してください。

まず、Numpyで使用するデータ型の基本は、ndarray型です。ndarray型のデータは、次のようにリストから「numpy」パッケージの「array」関数を使用して変換すると作成されます。

ndarrayの中に入るデータの型は、もとのリストの値が参照されますが、引数の「dtype」を使用することで、明示的に使用するデータ型を設定もできます。

また、「numpy」パッケージの「zeros」関数を使用すると、引数のタプルで指定した次元数を持ち、値がすべて0のndarray型が作成されます。

CHAPTER 03 データ型とクラス

81

■ SECTION-008 ■ データ型

```python
import numpy
w = numpy.array( [ 0, 1, 2, 3 ] )      # リストからndarrayを作成
print( w )                             # [0 1 2 3]  と表示される
x = numpy.array( [ [ 0, 1 ], [ 2, 3 ], [ 4, 5 ] ] )    # 二次元のndarrayを作成
print( x )
# [[0 1]
#  [2 3]
#  [4 5]]  と表示される
y = numpy.array( [ 0, 1, 2, 3 ], dtype=numpy.float32 )  # データ型を指定して作成
print( y )                                       # [0. 1. 2. 3.]  と表示される
z = numpy.zeros( (4,) )      # 1次元で長さ4のゼロ配列を作成
print( z )                   # [0. 0. 0. 0.]  と表示される
```

ndarray型のデータ同士は、数値同士と同じように+記号や-記号などで計算を行うことができます。また、ndarray型のデータと通常の数値との演算では、ndarray型のデータに含まれるすべての値に対して、演算が行われます。

なお、Pythonで利用できる演算子については、CHAPTER 04で解説しますが、Numpyのような外部パッケージにおけるデータ型に対する演算については、演算子に対する処理がパッケージで独自に定義可能なため、必ずしも同じ演算を表すとは限りません。

リストとndarray型のデータに対する演算子の動き方の違いについては、CHAPTER 04で再び取り上げます。

```python
aa = numpy.array( [ 0, 1, 2, 3 ] )
ab = numpy.array( [ 4, 5, 6, 7 ] )
ac = aa + ab                 # 4次元のndarray同士の足し算
print( ac )                  # [ 4  6  8 10]  と表示される
ad = aa + [ 1, 2, 3, 4]      # ndarrayとリストの足し算
print( ad )                  # [1 3 5 7]  と表示される
ae = aa + 10                 # ndarrayと数値の足し算
print( ae )                  # [10 11 12 13]  と表示される
af = aa * 2                  # ndarrayと数値のかけ算
print( af )                  # [0, 2, 4, 6]  と表示される
```

その他にも、「numpy」パッケージに用意されている関数を使用すると、ndarray型のデータやリストに対してさまざまな数値演算を行うことができます。

これらの関数について紙面ですべてを紹介することはできないので、詳しくは下記のnumpyのホームページを参照してください。

● NumPy — NumPy

URL http://www.numpy.org/

```python
ag = numpy.array( [ 6, 3, 4, 1, 9, 1, 8, 7, 0, 4, 1, 2, 5, 6, 8 ] )
ah = numpy.mean( ag )      # 平均
print( ah )                # 4.333333333333333と表示される
ai = numpy.median( ag )    # 中央値
```

```
print( ai )                # 4.0と表示される
aj = numpy.std( ag )       # 標準偏差
print( aj )                # 2.844097201026872と表示される
ak = numpy.var( ag )       # 分散
print( ak )                # 8.088888888888889と表示される
```

◆ DataFrame(Pandas)

　NumpyはN次元のデータを扱うためのパッケージですが、Pandasでは基本的には行と列を持つ、二次元のデータを扱います。つまり、Pandasは表計算ソフトで扱うような表データを扱うことができます。

　Pandasの強みとしては、メモリ効率が良く巨大なデータを取り扱う場合に高速に動作する点が挙げられます。

　Pandasパッケージの数値型を使う場合、まず、次のように「pandas」パッケージをPythonに追加します。

```
$ pip3 install pandas
$ pip install pandas
```

　Pandasで使用する主なデータ型は、表を表すDataFrame型と、行または列のデータを表すSeries型です。

　Pandasを使うには次のように、表のデータからDataFrame型を作成します。行の名前は引数の「index」で指定しますが、指定がなければ0から順番に数字で列の名前が付けられます。

```
df = pandas.DataFrame(
  { 'Name_1': [1, 2, 3], 'Name_2': [12.34, 34.56, 56.78] },
  index=[ 'A', 'B', 'C' ] )
print( df )
#    Name_1  Name_2
# A       1   12.34
# B       2   34.56
# C       3   56.78
# と表示される
```

　DataFrame型の作成方法としては、上記のようにディクショナリとして各列の値を指定する方法の他にも、多次元のリストとしてデータのみを渡すことができます。

　また、DataFrame型には、後から行と列の名前を指定することもできます。

```
df = pandas.DataFrame( [ [1, 12.34], [2, 34.56], [3, 56.78] ] )
print( df )
#    0      1
# 0  1  12.34
# 1  2  34.56
# 2  3  56.78
```

## SECTION-008 データ型

```
# と表示される
df.columns = [ 'Name_1', 'Name_2' ]
print( df )
#    Name_1  Name_2
# 0       1   12.34
# 1       2   34.56
# 2       3   56.78
# と表示される
df.index=[ 'A', 'B', 'C' ]
print( df )
#    Name_1  Name_2
# A       1   12.34
# B       2   34.56
# C       3   56.78
# と表示される
```

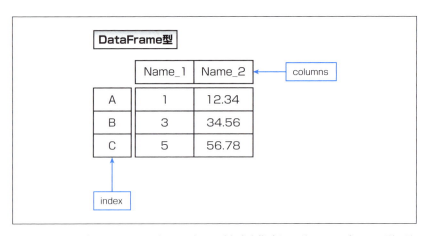

 DataFrame型はディクショナリと同じように、添え字を指定して列のデータをSeries型で取得することができます。

```
al = df [ 'Name_1' ]     # 1列目のデータだけを取り出す
print( al )
# A    1
# B    2
# C    3
# Name: Name_1, dtype: int64
# と表示される
am = al[ 'A' ]
print( am )      # 1 と表示される
```

 また、行のデータをSeries型で取得するには、行の名前を使用して「loc」を使うか、行のインデックスを使用して「iloc」を使用します。さらに「ix」は行の名前でもインデックスでも両方使用可能です。

## ■ SECTION-008 ■ データ型

```
an = df.loc[ 'A' ]
ao = df.iloc[ 0 ]
ap = df.ix[ 'A' ]
aq = df.ix[ 0 ]    # 1行目のデータだけを取り出す
print( aq )
# Name_1    1.00
# Name_2    12.34
# Name: A, dtype: float64
# と表示される
ar = aq[ 'Name_1' ]
print( ar )    # 1.0  と表示される
```

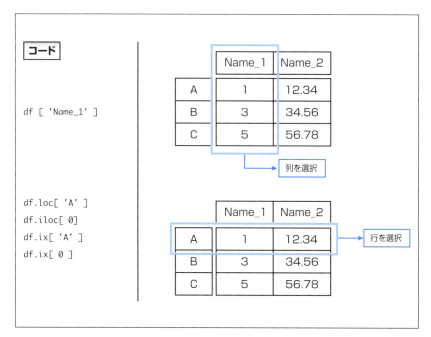

　ここで、1列目のデータだけを取り出した場合、すべての値が整数だったため「int64」型を含むSeries型としてデータが取得され、1行目のデータだけを取り出した場合、整数と小数が含まれるため「float64」型を含むSeries型としてデータが取得されたことに注目してください。

　「loc」「iloc」「ix」では複数の添え字を用いることで、行と列とを両方指定可能です。

```
as = df.loc[ 'A', 'Name_1' ]
at = df.iloc[ 0, 'Name_1' ]
au = df.ix[ 'A', 'Name_1' ]
av = df.ix[ 0, 'Name_1' ]
print( av )    # 1.0  と表示される
```

## ■ SECTION-008 ■ データ型

また、添え字として使用する行と列の名前は、名前のリストを使用することもできます。その場合、取得されるのは表の中の複数の行か列を含んだものになります。

```
aw = df.ix[ [ 'A', 'B' ], 'Name_1' ]
ax = df.ix[ [ 0, 1 ], 'Name_1' ]
print( ax )
# A    1
# B    2
# Name: Name_1, dtype: int64
# と表示される
```

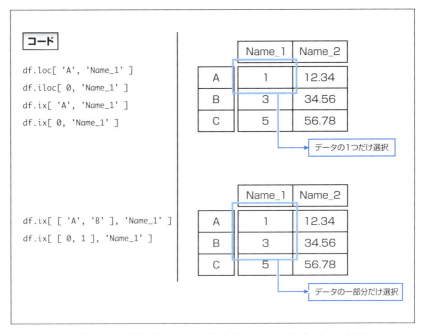

DataFrame型やSeries型が含んでいる値全体については、「values」からnumpyのndarray型で取得することができます。

numpyのndarray型をPython標準のリストにするには「tolist」関数を使用します。

```
ay = df.values
print( ay )
# [[ 1.    12.34]
# [ 2.    34.56]
# [ 3.    56.78]]
# と表示される(ayはndarray型)
az = ay.tolist()
print( az )    # [[1.0, 12.34], [2.0, 34.56], [3.0, 56.78]]  と表示される(azはリスト)
```

その他にも、Pandasでは表の中のデータに対して、統計処理などさまざまな処理を行うことができますが、それらについてはCHAPTER 04で詳しく解説します。

ちなみに、これまではDataFrame型の中身を表示するのに「`print`」関数を使っていましたが、Jupyter Notebookでは、「`print`」関数を使わずに直接、DataFrame型を評価する式を実行すると、表の中身が成形されてノートブック上に表示されます。

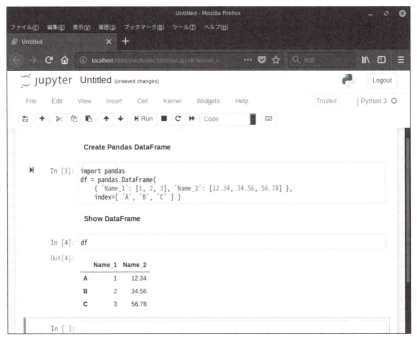

この節では、主に数値とデータの集合を扱うデータ型を紹介しました。

実は、Pythonで利用できるデータ型には、文字列型をはじめとして、ここで紹介したもの以外にもさまざまなものがあります。それらの多くは外部パッケージで用意されているデータ型であり、膨大な外部パッケージをすべて紹介することはできません。

文字列型と、HTMLなどのマークアップ言語を扱うデータ型についてはCHAPTER 05で、画像やマルチメディアデータを扱うデータ型についてはCHAPTER 07で取り上げます。

## SECTION-009

# クラス

### ◉ クラスの基礎

これまでに見てきたように、Numpyなどの外部パッケージで独自に定義したデータ型も、パッケージをインポートしさえすれば、リストなどのPythonが言語として用意しているデータ型と同じように利用することができます。

これは、Pythonにはデータ型を独自に定義する機能があるため、外部パッケージの制作者が独自のデータ型を設計して実装することができるからです。それらのデータ型は、ほぼ「クラス」いうPythonの機能を使用して実装されています。

ここではPythonにおけるクラスについて解説します。

### ◆ クラスの作成

クラスとはオブジェクト指向というプログラミングパラダイムで利用される、プログラム上の概念（オブジェクト）を実装するためのものです。

クラスには、独自に定義した内部データと、そのクラス独自の処理を関数として実装することができます。

まずは単純に、内部に何も含まない、空のクラスを定義します。

クラスの定義には、「class」の後に定義するクラス名を付け、その後に「:」（コロン）を使用します。クラス名の定義の後には、インデントで処理ブロックを作成し、その中にクラス内の定義を行いますが、ここでは空のクラスを作るので次のように「pass」文だけを作成します。

```
class SayHello:
    pass
```

定義したクラスは、クラス名に「()」（丸括弧）を付けて関数のように呼び出すことで、メモリ上の実体（インスタンス）とすることができます。

次のコードでは、「a」という変数に「SayHello」クラスのインスタンスを代入しています。

```
a = SayHello()
```

一度、作成したクラスに対しては、「.」（ドット）を使用してその内部にアクセスすることができます。たとえば、次の例では、「a」として作成した「SayHello」クラスの内部に「say」と「target」という変数を作成し、そこにそれぞれ「Hello」と「World」という値を代入しています。

```
a.say = 'Hello'
a.target = 'World'
print( a.say )       # Hello  と表示される
print( a.target )    # World  と表示される
```

■ SECTION-009 ■ クラス

　同じクラスのインスタンスを複数、作成した場合、それぞれのインスタンスは別の実体として作成されます。したがって、同じ名前の変数を同じクラス内で使用しても、異なるインスタンスにある変数は、異なるものになります。

```
b = SayHello()
b.say = 'How are you'
b.target = 'System'
print( a.say + ', ' + b.target )      # Hello, System　と表示される
print( b.say + ', ' + a.target )      # How are you, World　と表示される
```

### ◆ 関数の実装

　これだけではディクショナリなどのデータ型と同じようなものですが、クラスでは、内部に独自の関数を定義することができます。

　たとえば、先ほどの「SayHello」クラスの中に、「printHello」という関数を作成するには、次のようにします。クラスの中に作成する関数では、最初の引数に自分自身のクラスのインスタンスが入ります。最初の引数の名前は、通常、「self」とします。

```
class SayHello:
  def printHello( self ):
    print( self.say + ', ' + self.target )

c = SayHello()
c.say = 'Hello'
c.target = 'World'
c.printHello()      # Hello, World　と表示される
```

　上記の例では「printHello」関数では、自分自身のクラスにある「say」と「target」の文字列をつなげて表示します。

　そこで、「SayHello」クラスの中に「say」と「target」という変数を作成し、そこにそれぞれ「Hello」と「World」という値を代入した上で、「printHello」関数を呼び出すと、「Hello, World」と表示されます。

CHAPTER 03 データ型とクラス

■ SECTION-009 ■ クラス

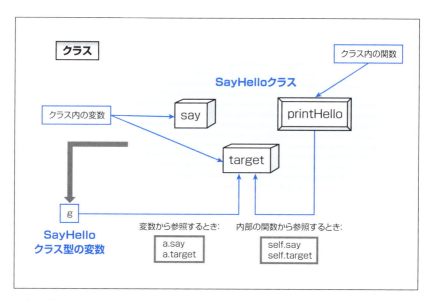

また、「\_\_init\_\_」という名前の関数は、クラスのインスタンスが作成された際に呼び出される関数として予約されています。

```
class SayHello:
  def __init__( self ):
    print( 'fmm...' )

d = SayHello()      # fmm...   と表示される
```

「\_\_init\_\_」などの、名前の前後に「\_\_」（アンダーバー2つ）が付いた関数は、Pythonが予約している、クラスで使用できる特殊な関数です。

それらの特殊な関数については、そのすべてをここで列挙することはしませんが、この後の章で関連する機能を紹介する際に、その都度、必要に応じて紹介することにします。

◆ 変数の実装

また、クラス内に作成する変数は、関数と同じくクラスを定義する際に用意することもできます。ただし、次のような、クラス内で直接、変数を定義する方法は、使用する変数の型によっては問題を引き起こすので、通常は使用しない方がよいです（その理由についてはCHAPTER 04の名前空間の節で詳しく解説します）。

```
class SayHello:
  say = 'Hello'          # 使用しない方がよい
  target = 'World'       # 使用しない方がよい
  def printHello( self ):
    print( self.say + ', ' + self.target )
```

■ SECTION-009 ■ クラス

```
f = SayHello()
print( f.say )          # Hello  と表示される
print( f.target )       # World  と表示される
f.printHello()          # Hello, World  と表示される
```

　クラスの中に変数を作成する場合、通常は「__init__」関数の中で「self」の中に変数名を定義するようにします。

```
class SayHello:
  def __init__( self ):
    self.say = 'Hello'
    self.target = 'World'
  def printHello( self ):
    print( self.say + ', ' + self.target )

g = SayHello( 'Hello', 'World' )
print( g.say )          # Hello  と表示される
print( g.target )       # World  と表示される
g.printHello()          # Hello, World  と表示される
```

## クラスの継承

　継承とは、すでに定義が存在するクラスから派生して、新しいクラスを作成する機能のことで、オブジェクト指向プログラミングにおいてとても重要な概念です。

　Pythonでも、既存のクラスを継承して新しいクラスを作成することで、すでに利用できるプログラムコードやパッケージの機能を拡張する形で、新しい機能を作成することができます。

### ◆ 派生クラスを作成する

　派生クラスを作成するのに必要なのは、継承元となる基底クラスと、新しいクラスを定義する際に基底クラスの名前を「()」(丸括弧)で指定することです。たとえば、基底クラスとして「Say」クラスを用意し、「SayHello」という名前で派生クラスを作成するには、次のようにします。

```
class Say:
  def printHello( self, msg ):
    print( msg )

class SayHello ( Say ):
  def __init__( self ):
    super( SayHello, self ).__init__()
    self.say = 'Hello'
    self.target = 'World'

h = SayHello()
print( h.say )          # Hello  と表示される
print( h.target )       # World  と表示される
h.printHello( h.say + ', ' + h.target )    # Hello, World  と表示される
```

CHAPTER 03

データ型とクラス

91

■ SECTION-009 ■ クラス

上記の例では、変数「h」に派生クラスである「SayHello」クラスのインスタンスを作成していますが、最後の行では変数「h」からまるで「SayHello」クラス内に存在する関数であるかのように、「Say」クラス内にある「printHello」関数にアクセスしています。

このように、派生クラスからは、基底クラスに存在する要素を自らの一部として扱うことができます。

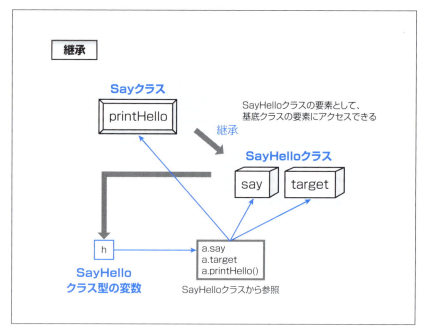

◆ 基底クラスにアクセスする

派生クラスで、基底クラスにある同名の要素を作成した場合は、派生クラスの要素で基底クラスの要素が上書きされます。

たとえば、次の例では基底クラスにある「printHello」関数を、派生クラスにある同名の関数で上書きしています。そのため、最後の行で「printHello」関数を呼び出すと、派生クラスの側の「printHello」関数が呼び出されて、結果として「Hello, World」と表示されます。

```
class Say:
    def printHello( self ):
        print( 'fmm...' )

class SayHello ( Say ):
    def __init__( self ):
        super( SayHello, self ).__init__()
        self.say = 'Hello'
        self.target = 'World'
```

■SECTION-009■ クラス

```
    def printHello( self ):
        print( self.say + ', ' + self.target )

i = SayHello()
print( i.say )          # Hello   と表示される
print( i.target )       # World   と表示される
i.printHello()          # Hello, World   と表示される
```

　派生クラスの中で、基底クラスにある要素を使用するには、「super()」から基底クラスのインスタンスを取得し、その中にある関数を呼び出します。

　派生クラスの「__init__」関数の中では、「super」関数に自分自身のクラス名とインスタンスを指定することで、既定クラスのインスタンスを取得します。基底クラスの「__init__」関数は、通常はこの機能を利用して派生クラスの「__init__」関数から呼び出します。

　ここにある例では、基底クラスには「__init__」関数の定義がありませんが、派生クラスを作成する際には常に基底クラスの「__init__」関数を呼び出すように習慣付けておくと、複雑な継承を行う際にも間違いが少なくなるでしょう。

```
class Say:
    def printHello( self, msg ):
        print( msg )

class SayHello ( Say ):
    def __init__( self ):
        super( SayHello, self ).__init__()
        self.say = 'Hello'
        self.target = 'World'
    def printHello( self, msg ):
        super().printHello( self.say + ', ' + self.target + msg )

j = SayHello()
print( j.say )          # Hello   と表示される
print( j.target )       # World   と表示される
j.printHello( ' and Python' )    # Hello, World and Python   と表示される
```

　上記の例では、派生クラスである「SayHello」クラス内で、基底クラスの「printHello」を利用して、より複雑なメッセージを表示する機能を実装しています。

　これにより、派生クラスを利用して、基底クラス関数を完全に上書きするのではなく、一部分だけ拡張するような実装が可能になります。

■ SECTION-009 ■ クラス

◆ 多重継承

さらにPythonでは、複数の基底クラスを継承した1つの派生クラスを作成することができます。

複数の基底クラスを使用するには、次のように派生クラスを定義する際に、すべての基底クラスを「,」(カンマ)で並べて使用します。次の例では、「printHello」関数は「Say」クラスにのみ、「__init__」関数は「Hello」クラスにのみ存在します。

しかし、「super()」で取得した基底クラスからそれらの関数を呼び出す際に、どの基底クラスにその関数が存在するかが自動的に判定され、「printHello」関数は「Say」クラスのものが、「__init__」関数は「Hello」クラスのものが利用されます。

```python
class Say:
    def printHello( self, msg ):
        print( msg )

class Hello:
    def __init__( self, say, target ):
        self.say = say
        self.target = target

class SayHello ( Say, Hello ):
    def __init__( self ):
        super( SayHello, self ).__init__( 'Hello', 'World' )
    def printHello( self, msg ):
        super().printHello( self.say + ', ' + self.target + msg )

k = SayHello()
print( k.say )         # Hello    と表示される
print( k.target )      # World    と表示される
k.printHello( ' and Python' )    # Hello, World and Python    と表示される
```

この場合、基底クラスの並び順は重要で、基底クラスに同名の要素があった場合、どの要素を優先して使用するかを決定します。

Pythonにおける多重継承では、同名の要素が存在した場合の検索順は、基底クラスの深さ⇒基底クラスの順番となります。

つまり、次の例では、Howareyou⇒Nicetomeetoyouの順に要素を検索するので、両方の基底クラスに存在する「printHello」関数にアクセスしようとすると、「Howareyou」クラスの関数が利用されます。

```python
class Howareyou:
    def printHello( self ):
        print( 'How are you' )

class Nicetomeetoyou:
    def printHello( self, target ):
        print( 'Nice to meet you, ' + target )
```

■SECTION-009■ クラス

```
class Say ( Howareyou, Nicetomeetoyou ):
  pass


l = Howareyou()
l.printHello()                # How are you   と表示される


m = Nicetomeetoyou()
m.printHello( 'Python' )      # Nice to meet you, Python   と表示される


n = Say()
n.printHello()                # How are you   と表示される
n.printHello( 'Python' )      # エラーとなる
```

　これは、「Howareyou」クラスの「printHello」関数と「Nicetomeetoyou」クラスの「printHello」関数とで引数の数が異なっていても同じです。

　上記の例では「Howareyou」クラスの「printHello」関数（引数の数が1）のみが参照されるので、「n.printHello()」という呼び出し方（クラス自身のインスタンスが最初の引数になる）では問題なく動作します。

　しかし、「n.printHello( 'Python' )」という呼び出し方では、引数の数が2個（クラス自身のインスタンスとメッセージ）必要となるため、エラーが発生します。

## SECTION-010

# パッケージと定数

### ● 外部ファイルとモジュール

これまで、パッケージについてはPython標準のパッケージや、Numpyなど外部パッケージをインポートして利用するのみでした。

しかし、ここまで読み進めた読者であれば、プログラマが独自のモジュールを作成し、パッケージとして利用する準備が整っているはずです。

パッケージとモジュールは、関数やクラスと同じくPythonのプログラムを構造化するための機能です。パッケージとモジュールが関数やクラスと異なるのは、それがOS上のファイルシステムを利用して、ファイル単位でプログラムを構造化しようとする点です。

#### ◆ 外部ファイルのコードを利用する

これまで紹介したプログラムコードはすべて、基本的に1つのソースファイルとして実行されることを前提にしていました。

しかし、ある程度以上の長いプログラムの場合、1つのソースファイルにすべてのコードを保存するのでは、目的のコードを探すだけでも大変なことになってしまいます。ここで、複数のファイルに作成した機能を1つのプログラムとして利用できれば、ソースコードを機能ごとに別のファイルに保存すればよくなるので、ソースコードの管理がずっと楽になるでしょう。

Pythonでは、そのように外部のファイルを読み込んで利用する際に、読み込むコードをモジュールと呼びます。モジュールは「import」によって読み込むことができます。モジュールとパッケージとの関係は、ファイルとディレクトリの関係に相当しており、モジュールは単一のファイルであり、パッケージは複数のモジュールを含むことができます。

たとえば、次のように「file_a.py」内に「printHello」関数が定義されているとします。

```
$ cat file_a.py
def printHello():
  print( 'Hello, World' )
```

「file_a.py」と同じ場所にソースコードを作成した場合、次のように「import」文を使用して、「file_a.py」をモジュールとして読み込むことができます。また、「.」(ドット)を使用してモジュール内にある関数やクラスにアクセスできます。

```
import file_a
file_a.printHello()    # Hello, World  と表示される
```

モジュールをインポートする際には、「from」を使用してモジュール内にある、関数やクラスの名前だけを指定することもできます。

次のようにすると、「file_a.py」モジュールをインポートの中にある「printHello」を、直接、呼び出すことができます。

SECTION-010 ■ パッケージと定数

```
from file_a import printHello
printHello()    # Hello, World  と表示される
```

### ◆ ファイル内の変数

モジュールとなるファイルの中にも、これまでのプログラムと同じようにグローバルなコードを配置することができます。これは通常、モジュール内で使用される変数を初期化するために使用されます。たとえば、次の例では「**file_b**」モジュール内で「**msg**」という変数を利用しています。

```
$ cat file_b.py
msg = 'Hello, World'
def printHello():
  print( msg )
```

変数の名前はモジュールごとに有効であり、モジュールをインポートしても、その中の変数がインポート先のプログラムに影響することはありません。

インポート先のプログラムで同じ名前の変数を利用しても、それは別の変数として扱われます。

```
import file_b
msg = 'How are you, System'
file_b.printHello()    # Hello, World  と表示される
```

### ◆ ファイルを個別に実行する

このように、モジュールとして使用する場合にも、これまでとほとんど同じようにPythonのプログラムを書くことができます。

実際、モジュールとなるファイルもPythonのプログラムであり、個別に実行することさえできます。

Pythonのプログラムがモジュールとしてではなく、直接、実行されるときには、「**__name__**」という変数に「**__main__**」という文字列が入ります。

これは、モジュールの要素を個別にデバッグする際に利用されます。つまり、デバッグの際にはモジュールとなるファイルを直接、実行することでテスト用のコードを実行し、モジュールとしてインポートされたときにはテスト用のコードは実行されないようにするわけです。

```
$ cat file_c.py
def printHello( msg ):
  print( msg )
if __name__ == '__main__':
  printHello( 'Hello, World' )
```

たとえば、上記の例では、メッセージを表示する「**printHello**」関数を含んだ「**file_c**」モジュールを作成しています。

モジュールの単体テストの際には、次のようにモジュールを直接実行することで、テスト用のメッセージが表示されることを確認します。

■ SECTION-010 ■ パッケージと定数

```
$ python3 file_c.py
Hello, World
```

そして、モジュールとして使用する際には次のように「file_c」をインポートして、その中にある「printHello」を呼び出して使用します。

```
$ cat file_d.py
import file_c
file_c.printHello( 'How are you, System' )
$ python3 file_d.py
How are you, System
```

### ⊙ パッケージの機能を利用する

パッケージは、関連する機能を持った複数のモジュールをディレクトリにまとめたものです。ディレクトリは1階層ではなく複数の階層を使用することもできて、パッケージ内では「.」や「..」を使用した相対パスで、内部のモジュールを相互に利用できます。

#### ◆ ディレクトリ内のモジュールをインポートする

ディレクトリ内にあるモジュールをインポートする方法は簡単です。たとえば、次のように、「my_pack_a」ディレクトリ内に「file_a」モジュールを作成したとします。

```
$ ls my_pack_a/*
file_a.py
$ cat my_pack_a/file_a.py
def printHello():
  print( 'Hello, World' )
```

この「file_a」モジュールをインポートするには、「from」の後ろにディレクトリ名を付けて、これまでと同様に「import」文を使用します。

```
from my_pack_a import file_a
file_a.printHello()
```

ディレクトリの階層が複数である場合は、「from」の後ろにディレクトリ名を、「.」(ドット)でつなげて指定します。

```
$ ls parent_pack/my_pack_a/*
file_a.py
```

たとえば、上記のように「parent_pack/my_pack_a」以下にあるモジュールをインポートするには、次のように「from parent_pack.my_pack_a」と指定します。

```
from parent_pack.my_pack_a import file_a
file_a.printHello()
```

■ SECTION-010 ■ パッケージと定数

◆ ディレクトリをパッケージ化する

Pythonはディレクトリ内にあるモジュールファイルを、自動で探すことはしてくれません。

ディレクトリをパッケージとして使用する場合、「__init__.py」というファイルを作成することで、Pythonに対してパッケージ内に含まれるすべてのモジュールを教えます。

「__init__.py」の中では次のように、「__all__」変数に、リストとして含まれるモジュールの一覧を設定します。

```
__all__ = [ 'file_b', 'file_c' ]
```

そして次のように、ディレクトリ内にモジュールとともに「__init__.py」を配置します。

```
$ ls my_pack_b/*
file_b.py
file_c.py
__init__.py
$ cat my_pack_b/__init__.py
__all__ = [ 'file_b', 'file_c' ]
```

すると次のように、「パッケージ名.モジュール名」という名前で直接、モジュールをインポートできるようになります。

```
import my_pack_b.file_b
my_pack_b.file_b.printHello()
```

また、次のように、「*」(アスタリスク)を使用してパッケージ内のすべてのモジュールをインポートすることもできるようになります。

```
from my_pack_b import *
file_b.printHello()
file_c.printHello()
```

◆ パッケージ内の要素をリストアップする

「__init__.py」が存在する場合、Pythonはその中で定義されているモジュールのリストを利用することができます。現在、読み込まれているパッケージ内の要素すべてをリストアップするには、組み込み関数の「dir」関数を使用します。

```
from my_pack_b import *
import my_pack_b
a = dir(my_pack_b)
print( a )
'''
['__all__', '__builtins__', '__cached__', '__doc__', '__file__', '__loader__', '__name__',
'__package__', '__path__', '__spec__', 'file_b', 'file_c']
と表示される
'''
```

■ SECTION-010 ■ パッケージと定数

「dir」関数ではパッケージに含まれているすべての要素をリストとして返します。そのため、「__all__」などの予約された定数もリストに含まれています。

上記の例では1行目の「from my_pack_b import *」で「my_pack_b」パッケージにあるすべてのモジュールをインポートしているので、「__init__.py」で定義した「file_b」と「file_c」も、「my_pack_b」パッケージ内の要素として利用できることがわかります。

## 🔵 定数とキーワード

これまでにも、「for」など制御構造を作成するための予約語や、クラスにおける「__init__」のような特殊な単語が登場してきました。それらの単語は変数名やクラス名としては使用できない、特殊な意味を持つものです。

### ◆ Pythonで予約された語句

Pythonでは、プログラムの指示に必要ないくつかの単語を予約しています。次の単語はPythonの予約語なため、変数名などには使用することができません。

```
False      class      finally    is         return
None       continue   for        lambda     try
True       def        from       nonlocal   while
and        del        global     not        with
as         elif       if         or         yield
assert     else       import     pass
break      except     in         raise
```

これらの予約語の他にも、Pythonのプログラム上で使用を避けるべき語句があります。

「_」(アンダーバー)で始まる名前は、「import *」で読み込むことができないので、モジュールの名前としては使用するべきではありません。

また、「_」(アンダーバー)が1つのみの変数名は、使用してもエラーにはなりませんが、対話モードでPythonが実行されるときに、直前に評価された式を記録する変数として利用されるので、プログラムコード内にも使用すべきではないでしょう。

さらに、前後が「__」(アンダーバー2つ)で挟まれた名前は、Pythonが予約している名前で、クラスにおける「__init__」のような特殊な用途に使用されます。

### ◆ 組み込み定数

さらに、次の単語については、組み込み定数として使用されます。

```
True    False    None    NotImplemented    Ellipsis    __debug__
```

組み込み定数は0や1などの数字と同じく、値を持つ定数です。特に「True」「False」「None」「__debug__」は、後から値を代入することができない、完全に数字と同じ扱いの定数となっています。

100

■ SECTION-010 ■ パッケージと定数

#### ◆組み込み関数

その他にも、次の組み込み関数が、Pythonの標準で利用できます。

| | | | | |
|---|---|---|---|---|
| abs | all | any | ascii | bin |
| bool | bytearray | bytes | callable | chr |
| classmethod | compile | complex | copyright | credits |
| delattr | dict | dir | divmod | enumerate |
| eval | exec | exit | filter | float |
| format | frozenset | getattr | globals | hasattr |
| hash | help | hex | id | input |
| int | isinstance | issubclass | iter | len |
| license | list | locals | map | max |
| memoryview | min | next | object | oct |
| open | ord | pow | print | property |
| quit | range | repr | reversed | round |
| set | setattr | slice | sorted | staticmethod |
| str | sum | super | tuple | type |
| vars | zip | | | |

上記の組み込み定数、組み込み定数、および標準のエラーとワーニング型については、実際にはPythonがデフォルトでインポートする「builtins」パッケージ内でされています。

次のように明示的に「builtins」パッケージをインポートすると、「dir」を使用して、そのすべてをリストアップすることができます。

```
import builtins
dir(builtins)
```

#### ◆「site」モジュール

また、上記のうち、次の組み込み関数については、「site」モジュールと呼ばれるモジュールで追加されます。

```
quit    exit    copyright    credits    license
```

この「site」モジュールは、Pythonのコマンドラインオプションで「-S」を指定することで無効にすることができます。

101

# CHAPTER 04

## データに対する処理とテクニック

## SECTION-011

# 変数と演算子の取り扱い

### ▶ 数値演算

　複雑な処理を行う大きなプログラムを書くことは、まるで家などの建物を建てることに似ています。

　あなたは家を建てようとするとき、まず何を重視しますか？　おそらく、どのような内装の部屋で過ごし、どのような間取りの空間で暮らすか、という内面が先行するのではないでしょうか。

　もちろん、内側から見ることができる細かい部分——部屋の内装や間取りなど——だけを考えても、建物の大きな構造——柱の立て方や梁の渡し方——について知らずに、全体として矛盾のない建物を建てることはできません。

　しかし、本書をここまで読み進めた読者であれば、Pythonプログラムにとっての柱や梁に相当する、処理やデータの構造については理解できるようになっていることでしょう。

　一方やはり、内装や間取りなど建物の内面を作成しないままでは、人が快適に住める空間は出来上がらないはずです。

　プログラミングにおいてもそれは同様で、処理の構造についてどれほど学んでも、実際にその構造の中で何をどう処理するのかを知らないままでは、実用上、意味のあるプログラムを作成することはできないのです。

　そこでここからの章では、プログラムにおける内装や間取りに相当する、より細かい処理の記述方法について紹介していきますが、手始めにこの章では、メモリ上に展開されたデータに対して、Pythonではどのような処理を利用できるのかについて解説をします。

### ◆ 算術演算子

　これまでの章では、特に定義を説明しないまま、値を足し合わせたり比較したりしてきましたが、Pythonのようなプログラミング言語では、使用できる演算の種類とその演算を表す記号がきちんと定義されています。

　まず、次の記号は、単項演算子として数値の前に付けることができます。

```
+    -    ~
```

　「+」（プラス）はその後に続く数値をそのまま変更しません。「-」（マイナス）はその後に続く数値の符号を反転します。また、「~」（チルダ）は整数の値に対してビットを反転します。

　変数などに対してこれらの記号を使う場合も同様です。

　また、このうち、「+」（プラス）と「-」（マイナス）は、二項演算子としても使用する記号なので、複数を組み合わせる表記が可能な点に注意してください。

```
a = -10
b = -a        # b = -( -10 ) なのでbは10
c = b + -a - +10      # c = 10 + - ( -10 ) - 10 なのでcは10
```

104

■ SECTION-011 ■ 変数と演算子の取り扱い

そして、次の記号は、二項演算子として、値と値の間に使用します。

```
+      -      *      **     /      //     %     @
```

このうち、基本的な算術計算を表す記号を最初に紹介します。

「+」(プラス)、「-」(マイナス)、「*」(アスタリスク)、「/」(スラッシュ)は、算術記号の加算、減算、乗算、除算を表しています。「//」(スラッシュ2つ)は小数点以下を切り捨てる除算で、常に整数を返します。余りを求めるには「%」(パーセント)を使い、「**」(アスタリスク2つ)は累乗の計算となります。

```
d = 10 + 10      # 10足す10でdは20
e = 20 - 10      # 20引く10でeは10
f = 10 * 10      # 10かける10でfは100
g = 15 / 2       # 15割る2でgは7.5
h = 15 // 2      # 15割る2(小数点以下切り捨て)でhは7
i = 15 % 2       # 15割る2の余りでhは1
```

「@」(アットマーク)はPython 3.5から追加された演算子で、行列同士の乗算を表します。「@」(アットマーク)による乗算は、Python標準のリストは実装していませんが、Numpyのndarray型では利用できます。

```
j = numpy.array([1,2]) @ numpy.array([3,4])              # jは11となる
k = numpy.array([[1,2],[3,4]]) @ numpy.array([[3,4],[5,6]])   # kは[[13,16],[29,36]]となる
print( k )
"""
 [[13 16]
  [29 36]]      と表示される
"""
```

また、これらの演算子は、「=」(イコール記号)とつなげて、左項の変数との演算結果で左項を更新するという使い方ができます。

```
l = 10
l += 10      # lに10を足すのでlは20
l *= 2       # lに2をかけるのでlは40
l /= 10      # lを10で割るのでlは4.0 (割り算で浮動小数点になる)
```

◆ビット演算子

整数同士の演算については、次の記号を使用してビット演算を行うことができます。

```
<<       >>       &       |       ^
```

これらのうち、「<<」と「>>」(山形括弧2つ)では、ビットシフト演算を行います。

CHAPTER 04 データに対する処理とテクニック

105

■ SECTION-011 ■ 変数と演算子の取り扱い

```
m = 13         # mは2進数で1101
n = m << 1     # nは2進数で11010 = 10進数の26
o = m << 2     # oは2進数で110100 = 10進数の52
p = m >> 1     # pは2進数で110 = 10進数の6
```

また、「&」（アンパーサンド）はビットごとのAndを、「|」（縦線）はビットごとのOrを、「^」（キャレット）はビットごとのXOR（2進数の各桁についてビットが異なるときに1）を表します。

```
q = 13         # qは2進数で1101
r = 7          # rは2進数で111
s = q & r      # sは2進数で101 = 10進数の5
t = q | r      # tは2進数で1111 = 10進数の15
u = q ^ r      # uは2進数で1010 = 10進数の10
```

## 比較と型チェック

CHAPTER 02の条件式でも解説しましたが、設定した条件に合致しているかどうかを表す演算をブーリアン演算と呼びます。

ブーリアン演算で使用できる値は、真（True）と偽（False）の2種類です。TrueとFalseはPython上の定数であり、値を変更できない数字と同じ扱いのキーワードです。

### ◆ 比較演算子

ブーリアン演算では、CHAPTER 02で解説した次の演算子が利用できます。

```
<       >       <=      >=      ==      !=      not
```

これらの演算は、算術記号と同様に、「<」（より小さい）、「>」（より大きい）、「<=」（以下）、「>=」（以上）、「==」（等しい）、「!=」（等しくない）を表します。また、「not」は単項演算子として、条件を反転する際に使用します。

また、比較演算子は、文字列同士の比較にも使うことができます。その場合、比較は辞書式に行われ、頭文字から順にアルファベットの若い方が小さいと評価されます。

```
a = a = 'Hello' < 'Nice to meet you'
print( a )     # Trueと表示される
b = 'こんにちは' > 'こんばんは'
print( b )     # Falseと表示される
```

他にも、「in」と「is」というキーワードを、帰属性と同一性のチェックに使用することができます。帰属性とは、与えられた左辺が右辺に含まれているかどうか、同一性は、与えられた左辺が右辺で与えられた対象と一致しているかを示します。帰属性の例としては、リストやタプル内に値が含まれているかや、左辺の文字が右辺の文字列に含まれているか、などがあります。

# SECTION-011 ■ 変数と演算子の取り扱い

```
c = 3 in [ 0, 1, 2, 3 ]
print( c )      # Trueと表示される
d = 'e' in ( 'a', 'b', 'd', 'd' )
print( d )      # Falseと表示される
e = 'a' in 'Hello'
print( e )      # Falseと表示される
f = 'e' in 'Hello'
print( f )      # Trueと表示される
```

### ◆ 変数の型チェック

同一性の例としては、「Hello」が「文字列」であるか、という風な値の形式に関するチェックなどがあります。

値の型を取得するには、「type」関数を使用します。「type」関数の戻り値に対して、指定の型と同一かをチェックするのには「is」を使用します。

```
g = type( 'Hello' ) is str
print( g )      # Trueと表示される
h = type( 'Hello' ) is int
print( h )      # Falseと表示される
i = type( 0 ) is int
print( i )      # Trueと表示される
j = type( 0.0 ) is float
print( j )      # Trueと表示される
```

なお、「in」「is」に関しては、次のように「not」を付ける場合に、「in」「is」の直前に付けて英語風の文法にすることもできます。

```
k = 'a' in 'Hello'
print( k )      # Falseと表示される
l = not 'a' in 'Hello'
print( l )      # Trueと表示される
m = 'a' not in 'Hello'
print( m )      # Trueと表示される
```

### ◆ 非数と無限大

また、Numpy上では、数値ではないことを表す非数（nan）と、無限大（inf）も使用することができます。

nanは、あらゆる値との比較でFalseを返す特殊な値で、自分自身との比較でもFalseとなります。つまり「nan == nan」はFalseとなります。そのため、値がnanかどうかをチェックするには、「is」でnanとの同一性をチェックするか、自分自身との比較を行います。

```
from numpy import nan
n = nan
print( n )      # nanと表示される
o = n == nan
```

■ SECTION-011 ■ 変数と演算子の取り扱い

```
print( o )       # Falseと表示される
p = nan == nan
print( p )       # Falseと表示される
q = n is nan
print( q )       # Trueと表示される
```

　一方、inf同士の比較では、通常の「==」による比較も「is」による比較もTrueを返します。また、infはnanではないので、infとnanの比較はFalseとなります。

```
from numpy import inf
r = inf
print( r )       # infと表示される
s = r == inf
print( s )       # Trueと表示される
t = r is inf
print( q )       # Trueと表示される
u = inf is nan
print( u )       # Falseと表示される
```

　infはnumpyデータ同士の割り算で、絶対値のある値を0で割ると出現します。また、nanは、0を0で割ると出現します。

```
from numpy import float32
v = float32(10) / float32(0)
print( v )       # infと表示される
w = float32(0) / float32(0)
print( w )       # nanと表示される
```

　上記の0で割る演算は、numpyのデータ同士であれば、(コンソール上にワーニングが表示されるだけで)エラーとはならずに演算可能ですが、Python標準のint型やfloat型ではZeroDivisionErrorエラーが発生してプログラムが終了するので注意が必要です。

### 🔵 参照とコピー

　これまでは、変数とその名前については区別しないできましたが、本来Pythonにおける変数とはすべてオブジェクトであり、変数の名前はそのオブジェクトへのマッピングに過ぎません。

　数値や文字列などでは、そのことが問題になることはありません。なぜならば、それらの型では、オブジェクトの実体そのものは変更不可能であり、変数の内容を更新する際には常に新しいオブジェクトが作成されるため、変数の名前とオブジェクトとの関係は常に一対一に限定されるからです。

### ◆ 参照とは

　一方で、リストやディクショナリ、その他のクラスで定義された型では、変数の名前とその名前が指しているオブジェクトの実体(インスタンス)は異なっています。このような型において、その変数は実体であるインスタンスを参照していると呼びます。

　このことを理解するために、次のシンプルなコードを実行してみることにします。

```
a = []
a.append( 0 )
b = a
b.append( 1 )
print( a )      # [0, 1] と表示される
```

　このコードでは、まず「a」という名前の変数に空のリストを代入し、そのリストに値を追加します。そして次に、「b」という名前の変数に「a」を代入し、それから「b」に対して値を追加します。最後に「a」からリストの内容を表示します。

　すると、その実行結果は「**[0, 1]**」となります。

　「a」からリストの内容をすべて表示しているのに、そこに「b」に対して追加した値が含まれていることがわかります。

　これは、3行目で「b」という名前の変数に「a」を代入した際に、「a」から「b」にコピーされるのは、「a」が持っている「参照」だけであるためです。

　したがって、「a」および「b」は、同じインスタンスを参照することになり、「b」から追加した値も、「a」が指しているリストのオブジェクトに追加されることになるのです。

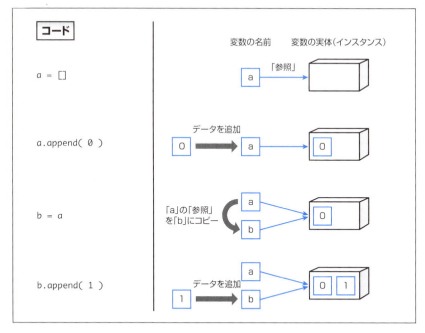

◆ 値のコピー

　その問題を解決するため、Pythonのリストには「**copy**」関数が存在しています。この「**copy**」関数は、自分自身の新しいコピーを作成して返すので、次のように、「c」のコピーである「d」を変更しても、もとの「c」の中身が変わることはありません。

■ SECTION-011 ■ 変数と演算子の取り扱い

```
c = []
c.append( 0 )
d = c.copy()
d.append( 1 )
print( c )    # [0]   と表示される
print( d )    # [0, 1]   と表示される
```

　ただし、「copy」関数でコピーするのは、リストの中にある値だけであり、リストの中にあるものが参照であった場合、参照がコピーされるだけで、その参照の指しているオブジェクトは同一のものとなります。

　これを「浅いコピー」と呼びますが、次のように、リストの中にリストがある場合、外側のリストが持っているのは内側のリストへの参照だけなので、「copy」関数で外側のリストである「e」をコピーしても、内側のリストのインスタンスはコピーされません。

```
e = [ [] ]
e[0].append( 0 )
f = e.copy()
f[0].append( 1 )
print( e )    # [[0, 1]]   と表示される
```

　リスト内の参照が指しているインスタンスも含めて、完全なコピーを作成するには、「copy」パッケージ内の「deepcopy」関数を使用します。

```
import copy
g = [ [] ]
g[0].append( 0 )
h = copy.deepcopy( g )
h[0].append( 1 )
print( g )    # [[0]]   と表示される
print( h )    # [[0, 1]]   と表示される
```

　「deepcopy」関数では「深いコピー」を行い、リスト内の参照が指しているインスタンスも含めた、完全なコピーを行います。

### ◉ メモリ管理
　参照とインスタンスについて理解したならば、Pythonにおけるメモリの管理についても理解する準備が整いました。

　コンピュータプログラムはメモリ上にデータを展開して実行されますが、不要になったメモリについてもう使用されないことをシステムに教えて、別のデータをそこに展開できるようにする必要があります（これをメモリの解放と呼びます）。

　Pythonでは、ガベージコレクションによるメモリ管理を行います。

ガベージコレクションとは、動的なメモリ管理の仕組みで、プログラム中で使用されなくなった変数が存在すると、任意のタイミングでガベージコレクションがその変数が使用していたメモリを解放します。

　つまりPythonでは、プログラマが明示的にメモリの解放を行わなくても、メモリが足りなくなったなど、Pythonが判断するタイミングでガベージコレクションが実行され、自動的に不要なメモリを解放してくれるのです。

### ◆ 変数の使用を終わる

　変数がもう使用されなくなったときに、ガベージコレクションがその変数が参照していたメモリを解放できるようになるためには、いくつかの条件があります。

　まず、そのインスタンスへ到達できる参照がどこにも残っていない場合にはガベージコレクションはそのインスタンスを削除することができます。

　変数が持っている参照が存在しなくなる条件は、処理がその変数の名前空間を抜ける、変数そのものが上書きされた、変数に対して「del」文が使用された、などがあります。

　名前空間については135ページで解説しますが、変数に値を上書きする場合、もともと、その変数が持っていた参照はなくなりますが、変数そのものがなくなるわけではないので、明示的にメモリを解放したい場合は「del」文を使用する方がよいでしょう。

```
a = 'Hello, World'
b = 'How are you, System'
a = None        # aという変数自体は残る
del b           # bという変数自体を削除
print( a )      # Noneと表示される
print( b )      # 変数bが存在しないためエラー
```

### ◆ ガベージコレクションの実行

　通常はガベージコレクションの実行タイミングはPythonに任せておけばよいのですが、プログラマが任意のタイミングでガベージコレクションを実行したい場合、「gc」パッケージ内の「collect」関数を呼び出します。

　また、「gc」パッケージ内の「enable」関数と「disable」関数で、ガベージコレクションを有効化、無効化もできます。

```
import gc
gc.disable()        # 一時的にガベージコレクションを停止
c = "Hello, World"  # cをメモリ上に展開
del c               # cを削除
gc.collect()        # cが使用していたメモリを解法
gc.enable()         # ガベージコレクションを再開
```

■ SECTION-011 ■ 変数と演算子の取り扱い

◆ 弱参照

　もう1つ、ガベージコレクションによってメモリを解放できる条件には、そのインスタンスへ到達できる参照が、弱参照（weak rerarence）しか存在しない場合があります。

　弱参照とは、変数が持っている参照と似ていますが、いつガベージコレクションによって削除されるかわからない参照のことです。弱参照は、メモリが余っている間だけメモリ内にデータを保持しておき、メモリが足りなくなった場合にはいつでも削除してよいという、キャッシュなどのインスタンスを保持するために使用します。

　弱参照は、「weakref」パッケージ内の「ref」関数を使用して作成します。

　弱参照として作成できるのは、クラスのインスタンスのみです。そして弱参照からは、関数として実行することで、メモリ上のインスタンスを取得できます。弱参照が参照しているインスタンスが解放されていた場合、弱参照はNoneを返します。

```python
import gc
import weakref

class MemoryData:          # クラスを作成
    pass

d = MemoryData()           # クラスのインスタンスを作成
d.data = 'Hello, World'    # メモリ上にデータを作成
e = weakref.ref( d )       # 弱参照を作成
del d                      # 元の参照を削除
print( e().data )          # Hello, World   と表示される
gc.collect()               # ガベージコレクションを実行
print( e() )               # None   と表示される
```

CHAPTER 04 データに対する処理とテクニック

## SECTION-012

# 多次元データとループの取り扱い

### ◎リストとndarray型

　いくつものデータを、並び順を保ったまま保持するデータセットを、プログラミング用語で「配列」と呼びます。配列は、プログラミングにおいてさまざまなシーンで使用されると同時に、ループ内での繰り返し処理に利用されることが多い、基本的なデータセットです。

　ここでは、配列に関する基本的な取り扱い方と、ループのテクニックについていくつか例を挙げながら解説します。

### ◆リストの結合

　リストとNumpyのndarray型は、Pythonにおいて配列を扱う際に利用される、最も代表的なデータ型です。この2つのデータ型は、時にはほとんど同じように使うことができますが、注意しなければならない違いも存在します。

　たとえば、リストとndarray型では、変数同士の演算に使用する演算子の解釈が異なっています。

　例を挙げると、リスト同士の場合、「+」(プラス)による演算は、結合を意味します。つまり、次の例のように、2つのリストをつなげた新しいリストを作成します。

```
a = [ 1, 2, 3 ]      # リストを作成
b = [ 4, 5, 6 ]      # リストを作成
c = a + b            # リスト同士の＋演算は結合
print( c )           # [1, 2, 3, 4, 5, 6]  と表示される
```

　一方のNumpyでは、「+」(プラス)による演算はデータ同士の加算を表します。

```
import numpy
d = numpy.array( [ 1, 2, 3 ] )    # ndarray型を作成
e = numpy.array( [ 4, 5, 6 ] )    # ndarray型を作成
f = d + e                         # ndarray同士の＋演算は加算
print( f )                        # [5 7 9]  と表示される
```

　また、整数値との「+」(プラス)演算は、リストの場合はエラーですが、ndarray型では値の加算を表します。

```
g = a + 3      # エラー
h = d + 3      # 値の加算
print( h )     # [4 5 6]  と表示される
```

CHAPTER **04**

データに対する処理とテクニック

113

■ SECTION-012 ■ 多次元データとループの取り扱い

◆ リストの繰り返し

同様に、「*」(アスタリスク)による演算にもリストとndarray型で違いがあり、リストの場合、リストの繰り返しを意味します。つまり、次の例のように、リストの内容を指定した回数だけ繰り返した、新しいリストを作成します。

```
i = [ 1, 2, 3 ]
j = i * 3
print( j )    # [1, 2, 3, 1, 2, 3, 1, 2, 3]    と表示される
```

一方のNumpyでは、「*」(アスタリスク)による演算はデータの乗算を表します。

```
k = numpy.array( [ 1, 2, 3 ] )
l = k * 3
print( l )    # [3 6 9]    と表示される
```

また、整数値ではなく、リスト同士、ndarray型同士の「*」(アスタリスク)演算は、リストの場合はエラーですが、ndarray型では値同士の乗算を表します。

```
m = i * [ 1, 2, 3 ]     # エラー
n = k * numpy.array( [ 1, 2, 3 ] )     # 値の乗算
print( n )                             # [1 4 9]    と表示される
```

◆ 多次元配列の作成

リストとndarray型の根本的な違いは、リストは本質的にさまざまなデータを入れることができる配列である一方で、Numpyのndarray型は多次元のベクトルを表現するためのデータ型だという点です。

そのため、Numpyのndarray型ではリストと異なり、各次元のデータ数が同じである行列としてしか、データを作成できません。

たとえば、次の例では、「o」はリスト、「p」はNumpyのndarray型で2×3個の要素を持つ行列を作成しています。添え字で各次元におけるデータのインデックスを指定すると、その場所にあるデータを取り出すこともできて、この段階ではリストとndarray型は同じように使えます。

```
o = [ [ 1, 2, 3 ], [ 4, 5, 6 ] ]
p = numpy.array( [ [ 1, 2, 3 ], [ 4, 5, 6 ] ] )
print( o[0][2] )    # 3    と表示される
print( p[0][2] )    # 3    と表示される
```

一方で、次の例では、それぞれ長さの異なるリストを含んだ、二次元リストをもとにndarray型を作成しています。

```
q = [ [ 1, 2 ], [ 3, 4, 5 ], [ 6 ] ]
r = numpy.array([ [ 1, 2 ], [ 3, 4, 5 ], [ 6 ] ] )
print( q[1][0] )    # 3    と表示される
print( r[1][0] )    # 3    と表示される
```

■ SECTION-012 ■ 多次元データとループの取り扱い

前ページの例でも、「q」と「r」の挙動は同じように見えますが、それぞれの内容を表示してみると、次のようになります。リストはそのままの形（リストのリスト）であるのに対して、ndarray型は、リストを含んだndarray型であることがわかります。

```
print( q )    # [[1, 2], [3, 4, 5], [6]]   と表示される
print( r )    # [list([1, 2]) list([3, 4, 5]) list([6])]   と表示される
```

ndarray型に含まれる行列の次元数は「shape」から、データ型は「dtype」から取得できるので、先ほどの変数「p」と上の変数「r」の違いを確かめてみます。

すると次のように、「p」は2×3の要素を持つ二次元行列、「r」は3つの要素を持つ一次元行列となっています。また、「p」に含まれるデータ型はNumpyにおける整数型の「int64」である一方、「q」に含まれるデータ型は汎用の「object」型であることがわかります。

```
print( p.shape )     # (2, 3)   と表示される
print( r.shape )     # (3,)   と表示される
print( p.dtype )     # int64   と表示される
print( r.dtype )     # object   と表示される
```

さらに、「p」と「r」に含まれる最初の要素のデータ型を見てみると、「p[0]」ではndarray型、「r[0]」はリストとなっています。つまり、「o」と「q」はリストのリスト、「p」はndarray型のndarray型、「q」はリストのndarray型となります。

```
print( type( p[ 0 ] ) )     # <class 'numpy.ndarray'>   と表示される
print( type( r[ 0 ] ) )     # <class 'list'>   と表示される
```

◆ Numpy関数の使用

先ほどの「p」と「r」には、行列としてのndarray型と、リストを含んだndarray型という違いがありました。これは、「p」と「r」とでは、Numpyが提供する関数の挙動に違いがあることを意味します。

たとえば、Numpyではndarray型に、中に含まれているデータの平均値を取得する「mean」関数を用意しています。上記の「p」と「r」に対してこの「mean」関数を使用した場合、「p」に対しては、中に含まれているすべての数値の平均値を取得できますが、「r」に対しては、リストの平均値を取る演算ができないため、エラーとなります。

```
s = p.mean()   # s = 3.5   となる
t = r.mean()   # エラー
```

さらに複雑なのが、すべての要素の総和を取得する「sum」関数の挙動です。

ndarray型の「sum」関数は、含んでいるすべての要素を足し合わせた結果を返しますが、「r」が含んでいる要素はすべてリストなので、「r.sum()」はリスト同士を足し合わせた結果を返すことになります。

CHAPTER 04 データに対する処理とテクニック

115

■ SECTION-012 ■ 多次元データとループの取り扱い

　ここで、前述した「+」(プラス)演算子の解釈で、リスト同士を足し合わせる演算は、リストの結合を意味することを思い出してください。リスト同士の合算が結合を意味するため、「r.sum()」の結果は「r」が含んでいるリストすべてを結合したリストとなります。

　なお、「p.sum()」の結果は、ndarray型が含んでいるすべての数値の総和となり、2つの関数の実行結果は異なることになります。

```
u = p.sum()     # u = 21　となる
v = r.sum()     # v = [1, 2, 3, 4, 5, 6]　となる
```

　Numpyでは、その他にもさまざまな数値計算を行う関数を用意していますが、ndarray型に含まれる型が数値だけではない場合の挙動は注意が必要となります。

## ● リストとNumpyのテクニック

　Pythonでは、リストやNumpyのndarray型に対して使用できる、いくつもの定型的な処理のテクニックが存在します。そうした、配列の取り扱いに関するテクニックは、プログラミング上非常に重要になることがあるので、ここでそれらのうち、いくつかを紹介しておきます。

### ◆ 要素の数を数える

　まず、リストの中に含まれている要素の数を数えるには、リストの「count」関数を使用することができます。

```
a = [ 6, 3, 4, 1, 9, 1, 8, 7, 0, 4, 1, 2, 5, 6, 8 ]
b = a.count( 6 )
print( b )     # 2　と表示される
```

　ndarray型については、「tolist」関数で一旦、リストに変換してから「count」関数を使用します。

```
import numpy
c = numpy.array( [ 6, 3, 4, 1, 9, 1, 8, 7, 0, 4, 1, 2, 5, 6, 8 ] )
d = c.tolist().count( 6 )
print( d )     # 2　と表示される
```

　リスト型ではないイテレータブルなデータに対して、要素の数を数える場合、Python標準パッケージの「collections」にある「Counter」クラスを使用できます。

　「Counter」クラスは、イテレータブルなデータに対して、それぞれの要素の登場する回数を数えます。「Counter」クラスはディクショナリのように添え字を使ってアクセスすることができて、添え字で指定したデータが、最初に与えられたデータの中に登場する回数を返します。

```
from collections import Counter
e = Counter( a )
# eはCounter({1: 3, 6: 2, 4: 2, 8: 2, 3: 1, 9: 1, 7: 1, 0: 1, 2: 1, 5: 1})となる
print( e[ 1 ] )     # 3　と表示される
print( e[ 6 ] )     # 2　と表示される
print( e[ 4 ] )     # 2　と表示される
```

■ SECTION-012 ■ 多次元データとループの取り扱い

◆ インラインループ

リストとループを組み合わせた特殊な書式として、インラインのループでリストを生成する記法があります。これは、次のようにリストを作成する「[]」(角括弧)の中に、「for」と変数名を含めることで、その場でループを実行してできるリストを返します。

```
f = [ g for g in range( 10 ) ]
"""
上記は、
f = []
for g in range( 10 ):
  f.append( g )
と等価
"""
print( f )    # [0, 1, 2, 3, 4, 5, 6, 7, 8, 9]    と表示される
```

この記法では次のように、三項演算子の「if」文と組み合わせて使用することもできます。

```
h = [ i for i in range( 10 ) if i % 3 != 0 ]
"""
上記は、
h = []
for i in range( 10 ):
  if i %3 != 0:
    h.append( i )
と等価
"""
print( h )    # [1, 2, 4, 5, 7, 8]    と表示される
```

◆ スライス指定

これまでリストやndarray型において、「[]」(角括弧)でインデックスを指定することで、内部にあるデータを取り出してきました。

Pythonにおいては「[]」(角括弧)でのインデックス指定に、スライスという指定方法を使用することができます。スライスとは、データの範囲を表す構文で、「:」(コロン)で範囲の前後を指定します。

たとえば、「0:4」というスライスは、0から4の1つ前まで、つまりインデックスの「0」「1」「2」「3」を表すスライスです。

```
j = [ 6, 3, 4, 1, 9, 1, 8, 7, 0, 4, 1, 2, 5, 6, 8 ]
print( j[ 0:4 ] )    # [6, 3, 4, 1]    と表示される
```

スライスにある範囲の前の数字を省略すると最初から、最後の数字を省略すると最後までを表します。また、負の値は後ろからのインデックスとなります。

CHAPTER 04 データに対する処理とテクニック

■ SECTION-012 ■ 多次元データとループの取り扱い

```
print( j[ :4 ] )        # [6, 3, 4, 1]  と表示される
print( j[ 10: ] )       # [1, 2, 5, 6, 8]  と表示される
print( j[ -12:-8 ] )    # [1, 9, 1, 8]  と表示される
print( j[ :-10 ] )      # [6, 3, 4, 1, 9]  と表示される
```

　スライスが作成するのは、リストの参照ではなくコピー（浅いコピー）です。そのため、次のように、スライスで作成したリストを変更しても、もとのリストは変更されません。また、「:」（コロン）のみのスライスを指定して、リストのコピーを作成することもできます。

```
k = j[ :3 ]      # jの最初の3つをコピーしてkに代入
k[0] = 0         # kの最初の要素を更新
print( k )       # [0, 3, 4]  と表示される
print( j[0] )    # 6  と表示される
l = j[ : ]       # 最初から最後までを指定すると、全体をコピー
print( l )       # [ 6, 3, 4, 1, 9, 1, 8, 7, 0, 4, 1, 2, 5, 6, 8 ]  と表示される
```

◆ndarray型のインデックス指定

　多次元のndarray型に対しては、「,」（カンマ）で区切ってそれぞれの次元を指定できます。「,」（カンマ）で区切る場合にもスライスが指定できます。

```
m = numpy.array( [ [ 1, 2, 3 ], [ 4, 5, 6 ], [ 7, 8, 9 ] ] )
n = m[ 1, 0 ]    # n は m の中のインデックス1の中のインデックス0
print( n )       # 4  と表示される
o = m[ 2, 1: ]   # o は m の中のインデックス2の中のインデックス1以降
print( o )       # [8 9]  と表示される
p = m[ :, 0 ]    # p は m の中の全インデックスの中のインデックス0
print( p )       # [1 4 7]  と表示される
```

　ndarray型においてはスライスの他にも、リストなどイテレータブルなデータでインデックスの指定をすることができます。

　たとえば、リストの「[3, 10, 1]」を指定すると、インデックス3,10,1の位置にあるデータからなるndarray型が、「range(2,8)」と指定するとインデックスの2から7までの位置にあるデータからなるndarray型が取得できます。

```
q = numpy.array( [ 6, 3, 4, 1, 9, 1, 8, 7, 0, 4, 1, 2, 5, 6, 8 ] )
print( q[ [ 3, 10, 1] ] )    # [1 1 3]  と表示される
print( q[ range(2,8) ] )     # [4 1 9 1 8 7]  と表示される
print( q[ 2:8 ] )            # [4 1 9 1 8 7]  と表示される
```

◆Pandas型での範囲指定

　その他、PandasパッケージのDataFrame型やSeries型においては、自分自身の変数名を含んだ条件式を「[]」（角括弧）で指定することができます。Pandasパッケージのインストールについては CHAPTER 03の83ページを参照してください。

```
import pandas
r = pandas.Series([ 6, 3, 4, 1, 9, 1, 8, 7, 0, 4, 1, 2, 5, 6, 8 ])
print( r[ r == 6 ].values )     # [6 6]   と表示される
print( r[ r == 6 ].index )      # Int64Index([0, 13], dtype='int64')   と表示される
```

これを利用して、リストの中から値をフィルタリングする、つまり特定の条件に合致する値を取り出したり、条件に合致する値を取り除いたりできます。

フィルタリング自体は、先ほどのループと三項演算子による記法を使用して行うこともできます。

```
s = [ 6, 3, 4, 1, 9, 1, 8, 7, 0, 4, 1, 2, 5, 6, 8 ]
t = [ u for u in s if u > 3 ]   # sの3より大きい値のみからなるリスト
print( t )                      # [6, 4, 9, 8, 7, 4, 5, 6, 8]  と表示される
```

しかし、上記の記法では、Pythonのコード内でループが実行されるので、大きなデータに対しては速度が遅いという問題があります。

ある程度以上の大きなデータに対してフィルタリングする場合は、一旦、Pandasのデータとしてから条件を指定する方が高速に動作します。

```
v = pandas.Series([ 6, 3, 4, 1, 9, 1, 8, 7, 0, 4, 1, 2, 5, 6, 8 ])
w = list( v[ v > 3 ].index )    # vの3より大きい値の位置をリストに
print( w )                      # [0, 2, 4, 6, 7, 9, 12, 13, 14]   と表示される
x = v[ v > 3 ].values           # xはnumpyのndarray型
print( x )                      # [6 4 9 8 7 4 5 6 8]   と表示される
```

Pandasを使用する場合、「values」から取得できるのはndarray型となり、リストとは扱い方が異なるので、その後の使用の際に注意する必要があります。

## ●Pandasのテクニック

先ほどのDataFrame型やSeries型を使った解説とやや前後してしまいますが、Pandasパッケージを使用して表データを扱う際のテクニックについても、ここで簡単に解説しておきます。

なお、膨大なPandasの機能すべてについて紙面で紹介することはできないので、詳しくはPandasのホームページを参照してください。

- Python Data Analysis Library — pandas: Python Data Analysis Library
  URL  https://pandas.pydata.org/

### ◆Numpy関数を使う

PandasのDataFrame型およびSeries型に対しては、numpyの関数をそのまま使用することができます。それには、「numpy」パッケージから直接、関数を呼び出して、PandasのDataFrame型およびSeries型を引数に与えます。

```
import pandas
import numpy
a = pandas.DataFrame( [ [ 0, 'Jone', 18, 1000, 20],
    [ 1, 'Mike', 22, 22000, 500],
```

■ SECTION-012 ■ 多次元データとループの取り扱い

```
   [ 2, 'Bob', 12, 550, 12],
   [ 3, 'Tone', 32, 6000, 80] ], columns=[
   'id', 'name', 'age', 'value', 'price' ] )
print( a )
"""
   id  name  age  value  price
0   0  Jone   18   1000     20
1   1  Mike   22  22000    500
2   2   Bob   12    550     12
3   3  Tone   32   6000     80
と表示される
"""
b = numpy.mean( a[ 'age' ] )      # age列の平均を計算
print( b )                        # 21.0   と表示される
c = numpy.sum( a.ix[ 1, [ 'age', 'value', 'price' ] ] )    # 2行目のage,value,priceの合計を計算
print( c )                                                 # 22522   と表示される
```

◆ データを計算する

また、Pandasが用意している関数を使用することもできます。Pandasが用意している関数には、平均値を計算する「mean」関数、最大値/最小値を取得する「max」「min」関数、分散を計算する「var」関数、標準偏差を計算する「std」関数などがあります。

これらの関数はDataFrame型のデータではそれぞれの列に対する結果が入るSeries型を返し、Series型のデータでは実際の結果を返す実数値を返します。

```
d = pandas.DataFrame( [ [ 0, 'Jone', 18, 1000, 20],
   [ 1, 'Mike', 22, 22000, 500],
   [ 2, 'Bob', 12, 550, 12],
   [ 3, 'Tone', 32, 6000, 80] ], columns=[
   'id', 'name', 'age', 'value', 'price' ] )
print( d.mean() )    # 平均値を計算
"""
id          1.5
age        21.0
value    7387.5
price     153.0
dtype: float64
と表示される
"""
print( d.max() )    # 最大値を取得
"""
id          3
name     Tone
age        32
value   22000
price     500
dtype: object
```

■ SECTION-012 ■ 多次元データとループの取り扱い

と表示される
"""
```python
print( d.min() )      # 最小値を取得
"""
id           0
name     Bob
age         12
value     550
price       12
dtype: object
```
と表示される
"""
```python
print( d.var() )      # 分散を計算
"""
id        1.666667e+00
age       7.066667e+01
value     1.010006e+08
price     5.443600e+04
dtype: float64
```
と表示される
"""
```python
print( d.std() )       # 標準偏差を計算
"""
id            1.290994
age           8.406347
value     10049.906716
price       233.315237
dtype: float64
```
と表示される
"""

### ◆ 表の統計を取る

また、「describe」関数を使用して、一般的な統計情報を一度に取得することもできます。「describe」関数の戻り値は、要素の数・標準偏差・最小値・1/4値・中央値・3/4値、最大値を持ったDataFrame型の表になります。

```python
e = pandas.DataFrame( [ [ 0, 'Jone', 18, 1000, 20],
   [ 1, 'Mike', 22, 22000, 500],
   [ 2, 'Bob', 12, 550, 12],
   [ 3, 'Tone', 32, 6000, 80] ], columns=[
   'id', 'name', 'age', 'value', 'price' ] )
print( e.describe() )     # 統計情報を取得
"""
              id        age         value        price
count   4.000000   4.000000     4.000000     4.000000
mean    1.500000  21.000000  7387.500000   153.000000
```

```
std       1.290994    8.406347  10049.906716   233.315237
min       0.000000   12.000000    550.000000    12.000000
25%       0.750000   16.500000    887.500000    18.000000
50%       1.500000   20.000000   3500.000000    50.000000
75%       2.250000   24.500000  10000.000000   185.000000
max       3.000000   32.000000  22000.000000   500.000000
と表示される
"""
```

さらに、「corr」関数を使うと、各行と各列の相関係数を計算することもできます。

```
print( e.corr() )    # 相関係数を取得
"""
              id       age      value     price
id      1.000000  0.491436  -0.082856 -0.170424
age     0.491436  1.000000   0.315843  0.205983
value  -0.082856  0.315843   1.000000  0.993043
price  -0.170424  0.205983   0.993043  1.000000
と表示される
"""
```

◆ 関数でセルを処理

PandasのDataFrame型に列の名前を指定すると、1つの列を表すSeries型のデータが取得できます。

Series型のデータに対しては、その中に保持されたデータそれぞれに対して、引数で与えられた関数を実行し、その戻り値で値を置換したSeries型を返す、「map」と「apply」という関数があります。

たとえば、引数の値に3を足した数を返す「plusthree」という関数を用意して、先ほどの「sapmle.csv」内の「age」と「value」列に対して「map」と「apply」関数を実行してみます。

```
def plusthree( x ):
  return x + 3

f = pandas.DataFrame( [ [ 0, 'Jone', 18, 1000, 20],
  [ 1, 'Mike', 22, 22000, 500],
  [ 2, 'Bob', 12, 550, 12],
  [ 3, 'Tone', 32, 6000, 80] ], columns=[
  'id', 'name', 'age', 'value', 'price' ] )
g = f[ 'age' ].map( plusthree )
print( g )
"""
0    21
1    25
2    15
```

■ SECTION-012 ■ 多次元データとループの取り扱い

```
3    35
Name: age, dtype: int64
と表示される
"""


h = f[ 'value' ].apply( plusthree )
print( h )
"""
0     1003
1    22003
2      553
3     6003
Name: value, dtype: int64
"""
```

　すると上記のように、列内のすべての値に3だけ値を足したSeries型が得られます。

　また、CHAPTER 02の72ページで解説したlambda式を使用して、よりシンプルに記述することもできます。

```
i = f[ 'price' ].map( lambda x: x + 3 )
print( i )
"""
0    23
1   503
2    15
3    83
Name: price, dtype: int64
と表示される
"""
```

　こうした、関数を与えて表内のデータを処理する方法の利点は、素朴なループ処理でデータを処理するよりも、多くの場合、Pythonプログラムはかなり高速に動作することです。

| id | name | age | value | price |
|----|------|-----|-------|-------|
| 0 | Jone | 18 | 1000 | 20 |
| 1 | Mike | 22 | 22000 | 500 |
| 2 | Bob | 12 | 550 | 12 |
| 3 | Tone | 32 | 6000 | 80 |

列内のそれぞれに対して関数を適用:
map, apply

CHAPTER 04　データに対する処理とテクニック

123

■ SECTION-012 ■ 多次元データとループの取り扱い

また、「map」関数はディクショナリを引数に与えることで、値の置換を行うことができます。ディクショナリ内に値と一致するキーがない場合は、Noneで値が置換されます。

```
j = f[ 'name' ].map( {'Tone':'Tony', 'Bob':'Boby'} )
print( j )
"""
0       NaN
1       NaN
2       Boby
3       Tony
Name: name, dtype: object
と表示される
"""
```

一方、DataFrame型の方には、表の中にあるすべての値に関数を適用させる「applymap」関数と、Series型で表の中の列を処理する「apply」関数があります。

試しに、次のように引数の値に「*」(アスタリスク)演算で3を掛け合わせた結果を返す「multithree」を作成し、「applymap」関数を実行してみます。

```
def multithree( x ):
    return x * 3

k = f.applymap( multithree )
print( k )
"""
    id          name  age  value  price
0    0  JoneJoneJone   54   3000     60
1    3  MikeMikeMike   66  66000   1500
2    6    BobBobBob    36   1650     36
3    9  ToneToneTone   96  18000    240
と表示される
"""
```

| id | name | age | value | price |
|----|------|-----|-------|-------|
| 0 | Jone | 18 | 1000 | 20 |
| 1 | Mike | 22 | 22000 | 500 |
| 2 | Bob | 12 | 550 | 12 |
| 3 | Tone | 32 | 6000 | 80 |

表内の1つひとつに対して関数を適用:
applymap

CHAPTER 04 データに対する処理とテクニック

■ SECTION-012 ■ 多次元データとループの取り扱い

「*」（アスタリスク）演算は数値に対してはかけ算を、文字列型に対しては繰り返しを行った結果を返すので、「applymap」関数の実行結果は上のように、文字列型のセルは3回繰り返した値を、数値型のセルに対しては3倍した数を含むデータを返します。

```
f.apply( print )
"""
0    0
1    1
2    2
3    3
Name: id, dtype: object
0    Jone
1    Mike
2     Bob
3    Tone
Name: name, dtype: object
0    18
1    22
2    12
3    32
Name: age, dtype: object
0     1000
1    22000
2      550
3     6000
Name: value, dtype: object
0     20
1    500
2     12
3     80
Name: price, dtype: object
id       None
name     None
age      None
value    None
price    None
dtype: object
と表示される
"""
```

そしてDataFrame型における「apply」関数は、表の中のすべての列をSeries型にし、それを引数として与えられた関数を実行した後、表のラベルをSeries型にして関数を実行します。

CHAPTER 04 データに対する処理とテクニック

125

■ SECTION-012 ■ 多次元データとループの取り扱い

| id | name | age | value | price |
|----|------|-----|-------|-------|
| 0 | Jone | 18 | 1000 | 20 |
| 1 | Mike | 22 | 22000 | 500 |
| 2 | Bob | 12 | 550 | 12 |
| 3 | Tone | 32 | 6000 | 80 |

列の1つひとつとヘッダーに対して
関数を適用:apply

| id | name | age | value | price |
|----|------|-----|-------|-------|
| 0 | Jone | 18 | 1000 | 20 |
| 1 | Mike | 22 | 22000 | 500 |
| 2 | Bob | 12 | 550 | 12 |
| 3 | Tone | 32 | 6000 | 80 |

　上記の例では「print」関数を引数に「apply」関数を実行することで、「apply」関数が
呼び出す際の引数に与えられるSeries型をすべて表示しています。

◆ 表の分割と結合
　DataFrame型のデータを分割するには、「loc」「ix」関数やスライスを使用して、対象と
なるデータを取り出します。ただし、そうして取り出されたデータはあくまでもとのデータに対する
参照なので、値を代入するともとのデータにも影響が及びます。
　インスタンスのコピーが必要な場合は「copy」関数を使用します。
　また、DataFrame型やSeries型のデータに対する「+」「*」などの演算子は、表の中のデー
タすべてに対して適用されます。

```
l = pandas.DataFrame( [ [ 0, 'Jone', 18, 1000, 20],
  [ 1, 'Mike', 22, 22000, 500],
  [ 2, 'Bob', 12, 550, 12],
  [ 3, 'Tone', 32, 6000, 80] ], columns=[
  'id', 'name', 'age', 'value', 'price' ] )
m = l.iloc[1:3]     # スライスで表の一部を取り出す
print( m )
"""
   id  name  age  value  price
1   1  Mike   22  22000    500
2   2   Bob   12    550     12
と表示される
"""
```

▼

■ SECTION-012 ■ 多次元データとループの取り扱い

```
n = l[ [ 'value', 'price' ] ] + 3      # 一部を取り出して3を加えた表を作成
print( n )
"""
    value   price
0    1003     23
1   22003    503
2     553     15
3    6003     83
と表示される
"""


o = l[ [ 'name', 'age' ]].iloc[3:]      # ラベルとスライスを組み合わせる
print( o )
"""
    name   age
3   Tone    32
と表示される
"""


p = l.copy()      # lのコピーを作成する
```

その他、表に対してデータを追加するには「append」関数を、複数の表を結合するには「pandas」パッケージの「concat」関数を使用します。

表のインデックスが整数の場合、何も指定せずに「append」関数を使用すると、重複するインデックスが発生してしまいます。その場合、引数に「ignore_index」を指定すると、インデックスを振り直すことができます。

また、「concat」関数では、引数の「axis」で、結合する次元の方向を指定できます。

```
q = pandas.DataFrame( [[ 'Alice', 10, 4, 100000, 1000 ]],
   columns=[ 'name', 'age', 'id', 'value', 'price' ] )
r = l.append( t )     # lにqを追加する
print( r )
"""
   age  id   name   price    value
0   18   0   Jone      20     1000
1   22   1   Mike     500    22000
2   12   2    Bob      12      550
3   32   3   Tone      80     6000
0   10   4  Alice    1000   100000
と表示される(インデックス0が重複)
"""


s = l.append( q, ignore_index=True )     # lにqを追加する
print( s )
```

■ SECTION-012 ■ 多次元データとループの取り扱い

```
"""
    age  id   name  price   value
0    18   0   Jone     20    1000
1    22   1   Mike    500   22000
2    12   2    Bob     12     550
3    32   3   Tone     80    6000
4    10   4  Alice   1000  100000
```
と表示される(インデックスが振り直された)
```
"""

r = pandas.concat( [ l, q ] )      # 縦方向に結合
print( r )
"""
    age  id   name  price   value
0    18   0   Jone     20    1000
1    22   1   Mike    500   22000
2    12   2    Bob     12     550
3    32   3   Tone     80    6000
0    10   4  Alice   1000  100000
```
と表示される
```
"""

s = pandas.DataFrame( [ 10, 110, 5.5, 60 ], columns=[ 'tax' ] )
t = pandas.concat( [ l, s ], axis=1 )     # 横方向に結合
print( t )
"""
    id   name  age   value  price    tax
0    0   Jone   18    1000     20   10.0
1    1   Mike   22   22000    500  110.0
2    2    Bob   12     550     12    5.5
3    3   Tone   32    6000     80   60.0
```
と表示される
```
"""
```

## ● ソートとループ

その他の配列が関連する代表的な処理として、ソートとループが挙げられます。ソートは配列内の値を並び替える処理で、ループは配列内の値を順番に処理する場合に使用されます。

### ◆ ソート

リストに対するソートは、リストの「sort」関数を呼び出すことで実行できます。「sort」関数は、通常の「>」演算子で比較した結果に基づいてリストの内容をソートします。

```
a = [ 6, 3, 4, 1, 9 ]
a.sort()
print( a )     # [1, 3, 4, 6, 9]  と表示される
b = [ 'Hello', 'Nice to meet you', 'How are you' ]
```

■ SECTION-012 ■ 多次元データとループの取り扱い

```
b.sort()
print( b )    # ['Hello', 'How are you', 'Nice to meet you']  と表示される
```

「>」演算子は、文字列同士の比較にも使えるので、「sort」関数は文字列からなるリストのソートにも使えます。

もともとの内容を変更せずにソートした結果だけを得たい場合は、組み込み関数の「sorted」を使用します。

```
c = [ 6, 3, 4, 1, 9 ]
d = sorted( c )
print( c )    # [6, 3, 4, 1, 9]  と表示される
print( d )    # [1, 3, 4, 6, 9]  と表示される
```

「sorted」関数はリストにある「sort」関数と異なり、リスト、タプル、イテレータなどイテレータブルなデータに対して使用できます。

◆ 逆順にソート

また、データの順番を逆順にするには「reversed」関数を使用します。

```
reversed( [ 0, 1, 2, 3, 4 ] )      # これは、[4,3,2,1,0]と出力するイテレータを返す
reversed( range( 0, 5, 1 ) )       # これは、4から0まで、1ずつ減るイテレータを返す
reversed( range( 0, 5 ) )          # 上と同じ
reversed( range( 5 ) )             # 上と同じ
```

「reversed」関数は引数の対象そのものは変更せずに、並び順を逆順にした、もとの型に変換可能なイテレータを返します。

ソート後のリストの順番を逆順にすると、当然それは逆順にソートされたリストとなります。

```
e = [ 'Hello', 'Nice to meet you', 'How are you' ]
f = reversed( sorted( e ) )    # fはイテレータ
print( f )       # <list_reverseiterator object at 0x7f97a2ec6b38>  と表示される
g = list( f )    # fをリストに変換
print( g )       # ['Nice to meet you', 'How are you', 'Hello']  と表示される
```

一方、スライス指定で「[::-1]」とすることで、逆順の並びを持つリストを作成できます。この逆順指定のスライスでは、「reversed」関数とは異なり、逆順に並び変わったデータすべてを格納している、新しいリストが作成されます。

```
h = sorted( e )[ ::-1 ]    # hはeの逆順ソート結果のリストが入る
print( h )                 # ['Nice to meet you', 'How are you', 'Hello']  と表示される
```

◆ 逆順でループ

ループ処理において、逆の順番でループを回したい場合、「range」関数でインデックスを指定するループにおいては、「range」関数に指定する開始・終了条件を逆にし、差分を負の値にすれば、インデックスを逆にたどるループが作成できます。

129

## ■ SECTION-012 ■ 多次元データとループの取り扱い

```
for i in range(10, 0, -1):
  print( i )
"""
10
9
8
7
6
5
4
3
2
1
と表示される
"""
```

インデックス以外のデータに対する「for」文で、ループを逆順に回す最も単純な方法は、逆順に並び替えられたイテレータを使用して「for」文を使用することです。

「reversed」関数は、対象そのものは変更せずに並び順を逆順にアクセスするイテレータを返すので、「reversed」関数を使用して「for」文を作成すると、引数の内容を逆順にループする処理が記述できます。

```
for j in reversed( [ 1, 2, 3, 4, 5, 6 ] ):
  print( j )
"""
6
5
4
3
2
1
と表示される
"""
```

◆タプルのリストをループ

これまで登場した「for」文では、ループ内で使用する変数の定義は1つのみでした。

しかし、関数の戻り値に複数の値を指定したときと同じように、この変数に入るデータがタプルであった場合、複数の変数を用意してタプルの内容を取得することができます。

たとえば、次の例では、2つの値からなるタプルのリストを「for」文でループしますが、「for」文で指定する変数の数を2個、用意することで、タプルの内容を一度に取得しています。

```
for k, l in [ (1, 2), (3, 4), (5, 6) ]:
  print( k, l )
"""
1 2
```

■ SECTION-012 ■ 多次元データとループの取り扱い

```
3 4
5 6   と表示される
"""
```

◆複数のリストを同時にループ

タプルを使うと先ほどのような「for」文が記載できるので、複数のデータから、データの組み合わせからなるタプルを返すイテレータを作成すれば、ループ処理が簡単に記載できるようになります。

複数のデータからタプルのイテレータを作成するには、組み込み関数の「zip」が使用できます。「zip」関数は複数の引数を取り、引数の内容を繰り返しつつ、同じインデックスにある値を並べたタプルからなるイテレータを作成します。

```
m = [ 10, 32, 55 ]
n = [ 'Hello', 'Nice to meet you', 'How are you' ]
o = list( zip( m, n ) )   # イテレータをリストに変換してoに入れる
print( list( o ) )
# [(10, 'Hello'), (32, 'Nice to meet you'), (55, 'How are you')]   と表示される
```

そこで、次のように複数のリストを同時に処理する「for」文を作成することができます。

```
for p, q in zip( m, n ):
  print( p, q )
"""
10 Hello
32 Nice to meet you
55 How are you
と表示される
"""
```

◆インデックス付きのループ

「zip」関数などイテレータブルなデータを使用してループを作成するとき、データと一緒にそのデータのインデックスを取得したい場合があります。そのときは「enumerate」関数を使用します。「enumerate」関数は、データのインデックスと、引数で与えられたデータとを含むタプルからなるイテレータを作成します。そのため、「enumerate」関数を使用すれば、「zip」関数のときと同じように、「for」文の中で一度にインデックスとデータを取得できます。

```
r = [ 'Hello', 'Nice to meet you', 'How are you' ]
for s, t in enumerate( r ):
  print( s, t )
"""
0 Hello
1 Nice to meet you
2 How are you
と表示される
"""
```

CHAPTER 04 データに対する処理とテクニック

131

■ SECTION-012 ■ 多次元データとループの取り扱い

また、「enumerate」関数と「zip」関数を組み合わせるには、次のようにします。

```
u = [ 10, 32, 55 ]
v = [ 'Hello', 'Nice to meet you', 'How are you' ]
for w, ( x, y ) in enumerate( zip( u, v ) ):
  print( w, x, y )
"""
0 10 Hello
1 32 Nice to meet you
2 55 How are you
と表示される
"""
```

◆インデックス付きの無限ループ

その他、「itertools」パッケージの「count」関数は、引数から始まり呼び出された回数の数を返すイテレータを返します。

このイテレータはさまざまな使用方法がありますが、無限ループにおいてインデックスを利用したいときに、「for」文で使用することができます。

```
import itertools
for z in itertools.count(0):
  print( z )
"""
0
1
2
・・・と表示される
"""
```

たとえば、上記のコードは、下記の「while」文によるループと等価で、0から始まる数字を無限に出力します。

```
z = 0
while True:
  print( z )
  z += 1
```

### イテレータオブジェクト

ここまで紹介してきたループのテクニックは、リスト、タプル、イテレータなど、イテレータブルなデータに対して処理を行う際に便利に使用することができます。

「イテレータブル」なデータというのは、厳密にいえばPythonにおけるイテレータオブジェクトのことですが、イテレータオブジェクトはクラスを定義することで、独自の形式を作成することもできます。

■ SECTION-012 ■ 多次元データとループの取り扱い

#### ◆例外について少しだけ

プログラミング用語における例外とは、処理しているプログラム上の地点から、呼び出し元の地点へと向かって伝播する、割り込み処理のことを指します。

Pythonでは、プログラムの実行中に発生するさまざまなエラーや特別な状況を、その機能を利用する呼び出し元へと伝えるために、例外を使用します。

呼び出した機能から例外がやってきたときに、それを正しくハンドリングして処理するのは、呼び出し元の機能ですが、イテレータにおいてはそれ以上の値がなくなったときに「StopIteration」という例外を発生させて、その呼び出し元（forループなど）に「ループを終了する」などの処理を実行させます。

プログラムから「StopIteration」例外を発生させるには、次のように「raise」文を使用し、例外の名前として「StopIteration」を使用します。

```
raise StopIteration
```

イテレータの中で発生した「StopIteration」例外は、Pythonがイテレータを扱う際に自動的にハンドリングされるので、プログラマがこれ以上、意識する必要は（明示的に「__next__」関数を呼び出す場合を除いて）ありません。

なお、発生した例外をプログラムからハンドリングする方法など、例外処理のその他についてはCHAPTER 05の156ページで解説します。

#### ◆イテレータとなるクラス

さて、イテレータの実体は、「__iter__」と「__next__」という特殊な名前の関数を含むクラスです。必ずしも1つのクラスに両方を実装する必要はないのですが、「__iter__」関数は「__next__」関数を持つクラスを返す必要があります。

通常はイテレータとなるクラスに「__iter__」と「__next__」の両方を実装し、「__iter__」関数は自分自身を返すように作成します。

「__iter__」関数は、ループの開始時などイテレータから値を取り出す処理が始まる際に呼び出され、「__next__」関数を持つクラスを返します。そして「__next__」関数は、イテレータから値を1つ取り出すたびに呼び出され、取り出した値を返します。

```
class MyIter:
  def __iter__( self ):
    self.a = 0
    return self
  def __next__( self ):
    self.a += 1
    if self.a == 10:
      raise StopIteration
    return self.a
```

上記の例は最も単純なイテレータとなるクラスの例です。

CHAPTER 04

データに対する処理とテクニック

133

■ SECTION-012 ■ 多次元データとループの取り扱い

このクラスはイテレータから値を取り出そうとする際に、まず「self.a」に0を代入します。そして、値が1つ取り出されるたびに「self.a」の値を1つ増やし、返します。ただし、「self.a」の値が10になると、「StopIteration」例外を発生させます。

このクラスは次のように、forループ内で値を取り出すことができます。

```
b = MyIter()
for c in b:
  print( c )
"""
1
2
3
4
5
6
7
8
9
と表示される
"""
```

上記のコードを実行すると、1から9までの値が順番に表示されます。

最後に発生する「StopIteration」例外はforループの処理がハンドリングし、ループを終了させるので、それ以上の値が表示されることはありません。

## SECTION-013

# 名前空間の取り扱い

### 名前空間とは

これまでに見てきたように、Pythonではシンプルかつ直感的な構文で、関数やクラス、インラインループなど、さまざまな機能を実装することができます。

しかし、シンプルなルールで直感的な記法を実装したために、Pythonは通常、プログラマからは目立たない場所で、いくつか難解な挙動を示すことがあります。

実際、名前空間の取り扱い方はPythonにおける最も難解な部分の1つで、ルールそのものは極めてシンプルかつ効率的でありながら、特定の条件においては直感とは反するような挙動をしてしまいます。

### ◆ グローバル名前空間

そもそも名前空間とは、変数に対して付いている名前の対応付けを行う範囲のことです。たとえば、次の例では、「m」という変数に、2回、文字列を代入しています。

```
m = 'Hello, World'
m = 'How are you, System'
print( m )    # 「How are you, System」と表示される
```

文字列型のオブジェクトは本来、変更不可能なので、上記のコードでは「'Hello, World'」と「'How are you, System'」という2つのオブジェクトが作成されます。

そして、「m」という変数は、最初は「'Hello, World'」オブジェクトを参照しますが、2行目の代入によって「'How are you, System'」オブジェクトを参照するように更新され、3行目の「print」関数では「How are you, System」というメッセージが表示されます。

使われなくなった「'Hello, World'」オブジェクトは、機会があればガベージコレクションによってメモリから消去されることになります。

### ◆ 処理ブロックの扱い

「if」文や「for」文などで制御構文を作成すると、新しい処理ブロックが作成されます。Pythonでは、制御構文に伴う処理ブロックでは、名前空間は更新されません。

```
m = 'Hello, World'
for m in 'ABC':
  print( m )

print( m )    # 「C」と表示される
```

たとえば、上記の例でも先ほどと同様、「m」という変数に複数回の代入が行われます。1度目の代入では「'Hello, World'」が代入されますが、2回目以降は「for」文の中で、ループ変数として値が代入されます。これは、「for」文は変数の名前付けを行う範囲を変更することがないため、直前の「m」と「for」文の内部にある「m」とは同じ変数として扱われるためです。

■ SECTION-013 ■ 名前空間の取り扱い

このように、プログラムコードの最も上の階層に存在する名前空間を、グローバル名前空間と呼びます。

```
m = 'Hello, World'
a = [ m for m in 'ABC' ]
print( m )     # 「Hello, World」と表示される
```

一方で上記のコードでは、3行目の「print」関数で「Hello, World」と表示されます。これは、2行目のインラインループでも変数「m」が使用されていますが、リストを構築するインラインループは別の名前空間において動くことになるので、外側の「m」とループ変数としての「m」は別の変数として扱われるからです。

## ⦿ 関数の名前空間

「if」文や「for」文などに付属する処理ブロックでは名前空間は更新されませんが、Pythonでは関数の内部はその関数独自の名前空間となっています。

### ◆ 関数内の処理ブロック

関数は呼び出されると内部に独自の名前空間を作成します。つまり、関数の中で作成した変数名は、関数の外から参照することはできません。ただし、関数の中から外側の変数を参照する場合は、値を参照して読み込むだけであればそのまま利用できます。

```
m = 'Hello, World'
def printHello():
  m = 'How are you, System'
  print( m )

printHello()    # 「How are you, System」と表示される
print( m )      # 「Hello, World」と表示される
```

関数の中でグローバルな名前空間にある変数を変更するには、次のように「global」文を使用して、使用する変数がグローバル名前空間に存在するものであることを明示します。

```
m = 'Hello, World'
def printHello():
  global m
  m = 'How are you, System'
  print( m )

printHello()    # 「How are you, System」と表示される
print( m )      # 「How are you, System」と表示される
```

### ◆ ローカルの名前空間

また、Pythonでは、関数の中に関数を入れ子にすることもできます。その場合、最も外側のグローバル名前空間に関しては「global」文を利用できますが、1つ外側の名前空間については「nonlocal」文を使用して、関数ローカルの名前空間ではないことを明示します。

■ SECTION-013 ■ 名前空間の取り扱い

```python
m = 'fmm...'
def printHello():
  m = 'Hi, you'
  def setHello():
    m = 'Hello, World'
  def setHowareyou():
    global m
    m = 'How are you, System'
  def setNicetomeetyou():
    nonlocal m
    m = 'Nice to meet you, Python'
  print( m )     # 1行目の出力
  setHello()
  print( m )     # 2行目の出力
  setHowareyou()
  print( m )     # 3行目の出力
  setNicetomeetyou()
  print( m )     # 4行目の出力

printHello()
print( m )     # 5行目の出力
```

たとえば、上記のコードでは、入れ子になった「setHello」「setHowareyou」「setNicetomeetyou」関数の中で、それぞれ関数ローカルの名前空間にある変数「m」、グローバル名前空間にある変数「m」、外側の名前空間にある変数「m」に値を代入しています。

そして、「printHello」関数内の「print」関数においては、「printHello」関数ローカルの名前空間にある変数「m」を出力しています。最後の「print」関数ではグローバル名前空間にある変数「m」を出力しています。

そのため、上記のコードを実行すると、次のように表示されます。このうち、1行目から3行目までの出力が同じなのは、「setHello」「setHowareyou」関数で変更する変数が「printHello」関数ローカルの名前空間にある変数「m」ではないことを表しており、4行目の出力は「setNicetomeetyou」関数が「printHello」関数ローカルの名前空間にある変数「m」を更新していることを表しています。また、5行目の出力は、「setHowareyou」関数がグローバル名前空間にある変数「m」を変更したことを表しています。

```
Hi, you
Hi, you
Hi, you
Nice to meet you, Python
How are you, System
```

137

## SECTION-013 名前空間の取り扱い

### 🔵 クラスの名前空間

クラスは、オブジェクト指向プログラミングにおける基本的な概念であるとともに、うまく使えばプログラムの構造化を最適化するための、非常に強力なツールとなります。

しかし、その一方で、クラス特有の挙動をきちんと理解しないと、直感的に不可解な動作をすることもあるので、注意が必要です。

#### ◆ クラス内に作成する名前

Pythonにおいてクラスをうまく使いこなすためには、クラス内の名前空間について正しく理解することが必要です。

次の例では、「SayHello」クラスの中に「target」という名前の変数を作成しています。この「target」変数は、ディクショナリにおけるデータのラベルと同じように、クラスのインスタンスに参照が保持されます。

```
class SayHello:
    pass

a = SayHello()
a.target = 'you'

print( a.target )      # you  と表示される
```

一方で次の例では、「SayHello」クラスの中に「target」変数が存在します。

```
class SayHello:
    target = 'you'

print( SayHello.target )    # you  と表示される
```

この2つの「target」変数は、一見すると同じに見えますが、最初の例ではクラスのインスタンス内に存在するので、「a」という変数が参照しているインスタンスがなくなれば、その中にある「target」変数にもアクセスができなくなります。

一方、後ろの例では、クラスの定義に対して「target」変数が存在するので、インスタンスがなくても「SayHello」クラスの定義から直接、参照できます。

つまり、クラス内に作成する変数や関数の名前は、インスタンス内に保持されるものと、クラスの定義に保持されるものの2種類があるわけです。

#### ◆ クラス変数とインスタンス変数

108ページの参照とコピーについての解説でも紹介したように、Pythonではいくつかの変数型については、変数の実体であるインスタンスと、変数の名前とを別々に扱います。

このことは、クラス内に作成する変数に対して、時として非常に難解な挙動をもたらすことがあります。

```
class SayHello:
    target = 'you'
```

■ SECTION-013 ■ 名前空間の取り扱い

```python
    def __init__( self, say ):
      self.say = say
    def setTarget( self, target ):
      self.target = target
    def printHello( self ):
      m = self.say + ', ' + self.target
      print( m )

b = SayHello( 'Hello' )

b.printHello()     # Hello, you   と表示される

b.setTarget( 'World' )
c = SayHello( 'How are you' )
c.setTarget( 'System' )

b.printHello()     # Hello, World   と表示される
c.printHello()     # How are you, System   と表示される
```

　たとえば、上記のコードでは、クラス内に変数「target」を作成した後に、クラス内の「setTarget」関数で「self.target」に値を代入しています。

　ここで、最初にクラス内に作成した「target」と、「setTarget」関数で代入した「self.target」とは、まったく同じようにアクセスできる（クラス内からは「self.target」、クラス外からは「変数名.target」）ものの、別の名前空間にある別の変数です。

　つまり、上記のコードにおける「setTarget」関数は、最初に作成した変数「target」を上書きしているのではなく、新しい変数を作成しているのです。

　クラス内の変数「target」はクラス変数と呼ばれ、クラスに対して1つ作成されます。一方、「self.target」の方はインスタンス変数と呼ばれ、クラスの実態であるインスタンスに対して1つ作成されます。

　上記のコードが正しく動くのは、クラス変数よりもインスタンス変数の方が、参照先として優先されるためです。実際、上記のコードを実行した後に、クラス名からクラス変数「target」に直接、アクセスしてみると、初期化の際に代入した値がそのまま残っており、上書きはされていないことがわかります。

```python
print( SayHello.target )     # you   と表示される
```

◆ クラス変数における参照

　クラス変数のインスタンスがクラスに対して1つであるということは、その型がリストやクラスなど参照を使用する型であった場合に、すべてのクラスインスタンスで同じインスタンスを使い回すということを意味します。

　たとえば、次のように、先ほど文字列型であった「target」をリストに変更し、「setTarget」関数ではそのリストにデータを追加、「printHello」関数ではリストの最後にあるデータを表示するようにします。

139

■ SECTION-013 ■ 名前空間の取り扱い

```python
class SayHello:
  target = []
  def __init__( self, say ):
    self.say = say
  def setTarget( self, target ):
    self.target.append( target )
  def printHello( self ):
    m = self.say + ', ' + self.target[ -1 ]
    print( m )


d = SayHello( 'Hello' )
d.setTarget( 'World' )
e = SayHello( 'How are you' )
e.setTarget( 'System' )


d.printHello()    # Hello, System    と表示される    ←注意！
e.printHello()    # How are you, System    と表示される
```

　するとその実行結果は、「d」に対して呼び出した「printHello」関数でも、「Hello, System」と呼び出されます。これは、「e」に対して呼び出した「setTarget」関数で、クラス変数の「target」に追加した値を、「d」から参照したときも使用されるからです。

　こうした問題を回避するシンプルな手法は、クラス内で使用するすべての変数をインスタンス変数として定義することです。

```python
class SayHello:
  def __init__( self, say ):
    self.say = say
    self.target = []
  def setTarget( self, target ):
    self.target.append( target )
  def printHello( self ):
    m = self.say + ', ' + self.target[ -1 ]
    print( m )


f = SayHello( 'Hello' )
f.setTarget( 'World' )
g = SayHello( 'How are you' )
g.setTarget( 'System' )


f.printHello()    # Hello, World    と表示される
g.printHello()    # How are you, System    と表示される
```

　上記のコードでは「__init__」関数の中で「self.target」を初期化していますが、この「self.target」はインスタンス変数となるので、「f」と「g」とで異なる値を保持し続けます。

# CHAPTER 05

## 文字列と
## マークアップ言語

## SECTION-014

# 文字列型の取り扱い

### ▶ 文字列型の基礎

どのような技能の習得においても同じでしょうが、下積みの基本的な要素を学んでいる間は、面白みも少なく退屈に感じるものです。

プログラミング言語の習得においてもそれは同じで、Python言語にはどのような機能があるだとか、紙の上で筆算できる程度の数値計算についてPythonで実現するにはどうするだとかを学ぶことに、なかなか面白みを見いだせなくてもそれは当然です。

しかし、安心してください。本書をここまで読み進めた読者であれば、Pythonプログラミングという世界を、自分の意思で歩き回れる程度の基礎は学べているはずです。

そこでこの章からは、ある程度の応用につながりうる小さなサンプルの作成を通じて、もう少し実践的なプログラミングについて解説していきます。

でも慢心はしないでくださいね。なぜならPythonの言語仕様書には、これまでの章で取り上げることができなかった機能がたくさん残っていますし、外部パッケージも含めると、Pythonプログラミングという世界にはまだまだ学ぶべきことが残されているのです。

本書のこれまでで、そうした機能について紹介してこなかったのは、単純にすべての機能を網羅的に解説するにはページが足りなかった、というだけに過ぎません。そうした機能は、これからの章で、サンプルを作成する途中でできる限り登場させるようにします。

その下準備としてこの章の前半では、これまでの章で説明しきれなかった箇所——文字列の取り扱いや例外処理、ジェネレーターなど——について解説し、後半ではJSONやXMLなどのデータ記述言語について扱います。

### ◆ 文字列リテラル

Pythonにおける文字列型は、正確にはテキストシーケンスであり、strクラスのインスタンスとして作成されます。また、ソースコード内で直接定義される文字列を文字列リテラルと呼びます。

文字列リテラルの作成はCHAPTER 01でも登場しましたが、ここで正確な定義について紹介しておきましょう。

文字列リテラルは、対になる「'」(シングルクォーテーション)または「"」(ダブルクォーテーション)で囲まれます。行の最後に「\」(バックスラッシュ)があると、その改行は無視されます。

さらに、「'''」(シングルクォーテーション3つ)または「"""」(ダブルクォーテーション3つ)で囲まれた文字列リテラルは、複数行にまたがることができます。

```
a = 'Hello'
b = "World"
c = 'Hello \
World'
d = '''
Hello,
```

▼

■ SECTION-014 ■ 文字列型の取り扱い

```
World
'''
print( a )      # Hello   と表示される
print( b )      # World   と表示される
print( c )      # Hello World   と表示される
print( d )
"""

Hello,
World

と表示される
"""
```

また、文字列リテラル内のバックスラッシュは、特殊な文字のエスケープとして使用します。バックスラッシュ文字を使用するには、二重のバックスラッシュを使用します。

利用できるエスケープ文字には、次の種類があります。

| エスケープ文字 | 説明 |
|---|---|
| \\ | バックスラッシュ（\） |
| \' | シングルクォーテーション（'） |
| \" | ダブルクォーテーション（"） |
| \a | 端末ベル文字（BEL） |
| \b | バックスペース文字（BS） |
| \f | フォームフィード文字（FF） |
| \n | 行送り文字（LF） |
| \r | 復帰文字（CR） |
| \t | 水平タブ文字（TAB） |
| \v | 垂直タブ文字（VT） |
| \oXXX | 8進数値XXXの文字 |
| \xXX | 16進数値XXの文字 |
| \uXXXX | 16ビットの16進値XXXXのUnicode文字 |
| \UXXXXXXXX | 32ビットの16進値XXXXXXXXのUnicode文字 |
| \N{name} | Unicodeデータベースにおけるnameという名前の文字 |

また、文字列リテラルの前に「r」を付けると、そのリテラル内ではバックスラッシュによるエスケープは無効になります。

```
e = 'say, \"Hello, World\"'
f = r'row string -> \ is not escaped'
g = '\N{smile}  \N{ghost}  \N{grinning face}'
print( e )      # say, "Hello, World"   と表示される
print( f )      # row string -> \ is not escaped   と表示される
print( g )      # ⌣       👻       😀   と表示される
```

143

■ SECTION-014 ■ 文字列型の取り扱い

◆ 文字列内の文字を取得

文字列は文字データからなるシーケンスで、その内容はリストと同じように「[]」（角括弧）を使用して取得することができます。

「[]」（角括弧）に入れる添え字には、文字列内の文字の位置を表すインデックスを使用します。また、リストと同じようにスライスも使用できます。

```
h = 'How are you, System'
print( h[ 2 ] )        # w    と表示される
print( h[ 7:11 ] )     # you    と表示される
print( h[ 13: ] )      # System    と表示される
```

◆ 文字列の結合

文字列同士をつなげて、新しく長い文字列を作るには、「+」（プラス）を使用します。

また、「+=」（プラスとイコール）を使って、文字列を自分自身の後ろにつなげた新しい文字列を代入することもできます。

```
i = 'Hello'
j = 'World'
k = i + ', ' + j       # k = Hello, World    となる
k += ' and System'     # k = Hello, World and System    となる
```

ただし、このプラスとイコール記号による文字列の追加は、使用する際に若干の注意が必要です。

たとえば、次のようにファイル内のすべての行を読み込んで、1つの文字列に追加していくことを考えましょう。

```
all_txt = ''      # バッファを用意
with open( 'sample.txt' ) as f:
  line = f.readline()      # ファイルから1行読み込む
  while line:              # ファイルが続く限り繰り返す
    all_txt += line        # バッファに1行追加
    line = f.readline()    # ファイルから1行読み込む
```

この場合、上記のようにプラスとイコール記号による文字列の追加を使用すると、「それまで読み込んだデータに1行分を追加したサイズのメモリを確保」→「新しいメモリに前回の内容と追加分の内容をコピー」→「前回まで使用していたメモリを解放」という処理が、1行データを読み込むたびに行われてしまいます。

そのため、比較的小さなファイルの読み込みにおいてすら、膨大なメモリ操作が必要となり、速度が非常に遅いものになってしまいます。

このような場合、すべての行を一旦、リストとして保持しておき、文字列の「join」関数を使用してリストの内容をすべてつなげることで、目的の動作を実装するべきです。

```python
all_list = []          # バッファを用意
with open( 'sample.txt' ) as f:
    line = f.readline()              # ファイルから1行読み込む
    while line:                      # ファイルが続く限り繰り返す
        all_list.append( line )      # バッファに1行追加
        line = f.readline()          # ファイルから1行読み込む

all_txt = ''.join( all_list )    # バッファ内の文字列をつなげる
```

また、「join」関数では、区切りとなる文字列を指定して文字列同士を結合させることができます。

```python
l = [ 'Nice', 'to', 'meet', 'you', 'Python' ]
m = ' '.join( l )      # 空白文字を区切りに使用してつなげる
print( m )             # Nice to meet you Python  と表示される
n = ','.join( l )      # カンマを区切りに使用してつなげる
print( n )             # Nice,to,meet,you,Python  と表示される
```

◆ その他の機能

文字列型には「join」関数以外にも、さまざまな関数が用意されています。それらのすべてをここで網羅することはしませんが、代表的なものとして、次の関数を紹介しておきます。

```python
o = ' \n  How are you, Pyton ?? \n'
p = o.strip()          # 前後のホワイトスペースを削除
print( p )             # How are you, Pyton ??  と表示される
q = p.lower()          # 小文字に変換
print( q )             # how are you, pyton ??  と表示される
r = p.upper()          # 大文字に変換
print( r )             # HOW ARE YOU, PYTON ??  と表示される
s = p.swapcase()       # 小文字と大文字を入れ替える
print( s )             # hOW ARE YOU, pYTON ??  と表示される
t = p.title()          # 単語の頭文字が大文字になるように変換する
print( t )             # How Are You, Pyton ??  と表示される
u = p.split( ' ' )     # 空白で区切ってリストにする
print( u )             # ['How', 'are', 'you,', 'Pyton', '??']  と表示される
v = o.splitlines()     # 改行で区切ってリストにする
print( v )             # [' ', '  How are you, Pyton ?? ']  と表示される
u = p.partition( ',' ) # 最初に登場する「,」とその前後を取得する
print( u )             # ('How are you', ',', ' Pyton ??')  と表示される
v = p.isalpha()        # アルファベットのみか
print( v )             # Falseと表示される
w = p.isalnum()        # アルファベットと数字のみか
print( w )             # Falseと表示される
x = p.isascii()        # ASCII文字列かどうか(Python3.7以降)
print( x )             # Trueと表示される
y = p.isdigit()        # 数字のみか
```

■ SECTION-014 ■ 文字列型の取り扱い

```
print( y )              # Falseと表示される                    ▼
z = p.isspace()         # ホワイトスペースのみか
print( z )              # Falseと表示される
```

上記のコード内にある関数のうち、「strip」関数は、文字列の前後からホワイトスペース（空白文字や改行文字、復帰文字など）を削除した文字列を返します。

「lower」「upper」関数は文字列を小文字および大文字に変換、「swapcase」関数は小文字と大文字を入れ替え、「title」関数は単語の頭文字のみが大文字になるように変換します。

また、「split」関数は文字列を与えられた文字列で区切ってリスト化します。改行文字で区切る場合は「splitlines」関数も使用できます。さらに「partition」関数は、与えられた文字列が最初に登場する位置で文字列を区切り、前後と与えられた文字列を含む3つのタプルを返します。

その他、「isalpha」「isalnum」「isascii」「isdigit」「isspace」関数は、それぞれ、文字列がアルファベットのみか、アルファベットと数字のみか、ASCII文字列か、数字のみか、ホワイトスペースのみかどうかを判定します。

## ◉ 検索と置換

Pythonでは、特に単一の文字を表すデータ型は用意されていません。つまり、長い文字列も1文字しかない文字も、基本的には同じ文字列型として扱います。

そのため、文字列中に存在する文字を探したりする場合は、文字列同士の検索機能を使用することになります。

ここでは文字列同士の検索と置換、つまり文字列にある別の文字列が含まれているかどうかや、含まれている文字列を別の文字列で置き換える処理について解説します。

### ◆ 文字列の始まりを検索

まずは、文字列が特定の文字列で始まっているかと、特定の文字列で終わっているかを判定するには、「startswith」「endswith」関数を使用します。

これまでに見てきた通り、Python標準の関数の命名規則では、複数の単語を組み合わせた関数名でも途中で大文字になることはないので、「startsWith」ではなくすべて小文字の「startswith」です。

また、文字列の出現する位置があらかじめ、わかっているなら、スライスを使用して文字列同士の比較(==)を使用することもできます。

```
a = 'Hello, World'
b = a.startswith( 'Hello' )   # Helloで始まっているか
print( b )                    # True  と表示される
c = a.endswith( 'World' )     # Worldで終わっているか
print( c )                    # True  と表示される
d = ( a[ 0:5 ] == 'Hello' )   # 0から5文字の場所がHelloか
print( d )                    # True  と表示される
```

### ◆ 文字列の検索

文字列の中から、特定の文字列が出現する位置を取得するには、「find」または「index」関数を使用します。

「find」関数と「index」関数の違いは、引数として与えられた文字列が対象内に見つからなかった場合の挙動で、「find」関数では見つからなかった場合-1を返すのに対して、「index」関数ではValueError例外が発生します。

単純に文字列内に特定の文字列が存在するかどうかをチェックする際には、「in」演算子を使用することができます。

```
e = 'How are you, System'
f = e.find( 'you' )       # youの登場する位置を取得
print( f )                # 8   と表示される
g = e.index( 'you' )      # youの登場する位置を取得
print( g )                # 8   と表示される
h = 'you' in e            # youが含まれるか
print( h )                # True   と表示される
```

その他、文字列内に特定の文字列が出現する回数を数えるには「count」関数を使用します。「count」関数の引数に、文字列の他に検索する範囲の指定をすると、対象文字列内の指定した範囲内で、最初の引数で指定した文字列が登場する回数を数えます。

```
i = e.count( 'o' )        # oの出現する回数を数える
print( i )                # 2   と表示される
j = e.count( 'o', 0, 4 )  # oの出現する回数を、0から3文字の場所から数える
print( j )                # 1   と表示される
```

### ◆ 文字列の置換

文字列中から特定の文字列を検索し、別の文字列へと置換する場合は、「replace」関数を使用します。

```
k = 'Good morning, Jupyter Notebook'
l = k.replace( 'morning', 'night' )
print( l )      # Good night, Jupyter Notebook   と表示される
```

文字列内に対象の文字列が複数個見つかった場合、「replace」関数はデフォルトで、すべての文字列を置換します。

「replace」関数の引数に数値を指定すると、見つかった最初のN個の文字列のみを置換します。

また、「replace」関数の代わりに、「split」関数と「join」関数を使用して同じような置換もできます。これは、見つかった途中の部分だけを取り出したい場合に便利です。

```
m = k.replace( 'o', '0' )        # oをすべて0に置換
print( m )                       # G00d m0rning, Jupyter N0teb00k   と表示される
n = k.replace( 'o', '0', 2 )     # oを最初の2個だけ0に置換
```

■ SECTION-014 ■ 文字列型の取り扱い

```
print( n )     # G00d morning, Jupyter Notebook  と表示される
o = '0'.join( k.split( 'o' ) )      # oで区切った後0で結合
print( o )     # G00d m0rning, Jupyter N0teb00k  と表示される
p = '0'.join( k.split( 'o' )[ 3:6 ] )    # oで区切った後範囲を指定して0で結合
print( p )     # rning, Jupyter N0teb0  と表示される
```

◆ 正規表現

　Pythonでは、Perl言語などと同様に正規表現を使用した文字列検索を利用できます。

　正規表現とは、特別な文法で記述された文字列マッチングの定義で、どのような内容の文字列がその表現と一致するかを記述することができます。そこで、正規表現を使用すると、長い文字列の中から、その表現と一致する部分文字列を検索することができます。

　正規表現で利用できる文法について詳しく解説すると、それだけで膨大な内容になってしまうので、ここでは簡単な例のみを紹介することにします。

　まず、文字列と正規表現とのマッチングを行うには、「re」パッケージ内の「match」関数を使用します。Pythonにおける正規表現は文字列として与えられます。

　最も単純な形として、単なる文字列の場合、その文字列そのものがマッチする対象になります。つまり、正規表現'Good'は、'Good'という文字列とマッチします。

```
import re
q = 'Good morning, Jupyter Notebook'
r = re.match( 'Good', q )      # 「Good」とマッチしたmatchクラスを返す
print( r.span() )              # マッチした場所 :(0, 4)  と表示される
```

　「match」関数は文字列の最初の部分が正規表現とマッチするか判断し、マッチした場合はmatchクラスを、マッチしなかった場合はNoneを返します。

　一方、「re」パッケージ内の「search」関数は、文字列内から正規表現がマッチする場所を検索します。

　正規表現の文法に話を戻すと、正規表現では特別な文字を使用して、マッチングの繰り返しやOR検索を定義することができます。たとえば、「+」は直前のマッチングの1回以上の繰り返しを、「*」は直前のマッチングの0回以上の繰り返しを定義します。また「|」は正規表現のOR検索を定義します。

　つまり、正規表現'bo*k'は、'bk'、'bok'、'book'、'boook'、'booooook'などとマッチし、'bo+k'は'boook'にはマッチしますが、'bk'にはマッチしません。'oo|r'は、'oo'または'r'とマッチし、'o(o|r)'は'oo'または'or'と、'o(o|r|t)'は'oo'または'or'または'ot'とマッチします。

```
s = re.search( 'bo+k', q )     # 「book」とマッチしたmatchクラスを返す
print( s.span() )              # マッチした場所 :(26, 30)  と表示される
```

　正規表現の文法は、文字列で定義された後、「re」パッケージ内でコンパイルされ、検索に使用するルール表現になります。

何度も同じ正規表現を使用する場合、あらかじめ正規表現をコンパイルしておくことで、繰り返し正規表現を使用する場合の速度が向上します。あらかじめ正規表現をコンパイルするには、「re」パッケージ内の「compile」関数を使用します。

```
t = re.compile( 'bo+k' )    # あらかじめ正規表現をコンパイルしておく
u = re.search( t, q )       # 「book」とマッチしたmatchクラスを返す
print( u.span() )           # マッチした場所:(26, 30) と表示される
```

◆ 一致文字列をすべて取得

正規表現の文法では、その他にも「[]」（角括弧）を使って文字の集合を定義できます。つまり、正規表現'[abcd]'は、文字a、b、c、dのいずれにもマッチします。

また、「-」（ハイフン）を使用して文字の範囲を指定できます。つまり、正規表現'[a-z]'は、aからzまでの英小文字のいずれにもマッチし、正規表現'[a-zA-Z0-9]'は英小文字、英大文字、数字のいずれにもマッチします。

文字の集合は組み合わせることもできるので、たとえば、正規表現'[A-Z][a-z]*'は、英大文字から始まりその他は英小文字のみからなる部分文字列にマッチします。

正規表現にマッチした部分文字列をすべて取得するには、「re」パッケージ内の「findall」関数を使用します。

```
v = 'whoo, Good morning, Jupyter Notebook, Yahoo!'
w = re.findall( '[A-Z][a-z]*', v )
print( w )    # ['Good', 'Jupyter', 'Notebook', 'Yahoo'] と表示される
```

他にも、「{}」（波括弧）ではマッチの回数を定義します。つまり、正規表現'bo{2}k'は'book'と同じですし、'[A-Z][a-z]*o{2}[a-z]*'は、英大文字から始まり、中に2つ並んだoが含まれる、先頭以外は英小文字からなる部分文字列にマッチします。

```
x = re.findall( '[A-Z][a-z]*o{2}[a-z]*', v )
print( x )    # ['Good', 'Notebook', 'Yahoo'] と表示される
```

また、「findall」関数ではマッチした部分文字列のリストが返されますが、「finditer」関数では、「match」関数や「search」関数と同じmatchクラスのイテレータが返されます。

```
y = re.finditer( '[A-Z][a-z]*o{2}[a-z]*', v )
for z in y:
  print( z.span() )
"""
(6, 10)
(28, 36)
(38, 43)
と表示される
"""
```

■ SECTION-014 ■ 文字列型の取り扱い

正規表現に関するその他の機能は、下記のPython公式のドキュメントを参照してください。
- 正規表現 HOWTO — Python 3.6.5 ドキュメント
  URL  https://docs.python.jp/3/howto/regex.html

## 🔵 文字列のフォーマット

多くの場合、文字列は人間が読むことができるメッセージとして使用されます。そのため、プログラムが持っているデータを、人間に読みやすい形で提示するために、Pythonのデータ型を文字列型の一部に埋め込んで1つの文字列とする処理は、プログラミング上、頻出します。

Pythonではそのような処理のために、複数の文字列フォーマットを用意しています。

### ◆ 文字列リテラルのフォーマット

まず、文字列リテラルを定義する際に、使用する変数のフォーマットを指定して定義することができます。

リテラルの前に「f」または「F」を付けると、そのリテラルはフォーマット済み文字列リテラルとして扱われ、リテラル内の「{}」（波括弧）で囲まれた部分は、外部の変数で置換されるフィールドとなります。

```
a = 'World'
b = f'Hello, {a}'          # b = 'Hello, World'  となる
```

さらに、「{}」（波括弧）で囲まれたフィールドには、計算式も入れることができます。フィールド内はPythonの通常の式として評価されるので、関数の呼び出しなども行うことができます。

```
c = 100
d = 20
e = f'sum of CandD = {c+d}'        # e = 'sum of CandD = 120'  となる
f = f'max of CandD = {max(c,d)}'   # e = 'max of CandD = 100'  となる
```

### ◆ 文字列のフォーマット

フォーマット済み文字列リテラルと似た機能として、文字列型の「format」関数があります。

これは、文字列内にある「{}」（波括弧）で囲まれたフィールドに対して、「format」関数の引数で置換した文字列を返すもので、フィールド内には引数のインデックスまたは名前を指定します。

```
g = 'Hello, {0}'
h = g.format( 'World' )                  # h = 'Hello, World'  となる
i = '{say} are you, {target}'
j = i.format( say='How', target='System' )   # j = 'How are you, System'  となる
k = '{0[0]} to meet you, {0[1]}'
l = ( 'Nice', 'Python' )
m = k.format( l )                        # m = 'Nice to meet you, Python'  となる
```

150

■ SECTION-014 ■ 文字列型の取り扱い

また、フィールド内に「:」(コロン)を使用することで、さまざまなフォーマットの機能を使用できます。たとえば、文字列に対して右寄せ・左寄せ・中央寄せを行うには、出力する文字列の長さと一緒に、「<」「>」「^」記号を使用します。右寄せ・左寄せ・中央寄せで埋める文字は、デフォルトでは空白文字ですが、コロンの後ろに記載して指定することもできます。

```
n = 'Hello'
o = '{:<10}'.format( n )      # o = 'Hello     '  となる
p = '{:>10}'.format( n )      # p = '     Hello'  となる
q = '{:^10}'.format( n )      # q = '  Hello   '  となる
r = '{:*^10}'.format( n )     # r = '**Hello***'  となる
```

#### ◆ printf形式でフォーマットする

1つの機能を、複数の異なるスタイルで実装できることはPythonの特徴ですが、文字列のフォーマットもその例に漏れず、異なるスタイルで実現する機能が存在します。

その1つが、「%」(パーセント)によるフォーマットで、これはC言語の「printf」関数と同じ形式の指定ができます。

「%」(パーセント)によるフォーマットを使用するには、「%」(パーセント)によるエスケープを含む文字列型の後ろに「%」(パーセント)を付け、その後ろにエスケープを置換したい値を記述します。複数の値を使用する場合は、「%」(パーセント)の後ろに記述する値をタプルにします。

```
s = 'World'
t = 'Hello, %s' % s            # t = 'Hello, World'  となる
u = 100
v = 'pine'
w = '%d pieces of %s' % (u, v) # w = '100 pieces of pine'  となる
```

C言語の「printf」関数スタイルのエスケープ(「%」(パーセント)の後ろに指定可能な文字)には、次のものがあります。

| エスケープ文字 | 説明 |
| --- | --- |
| %d | 符号付き10進整数 |
| %i | dと同じ |
| %o | 符号付き8進数 |
| %u | dと同じ |
| %x | 符号付き16進数(0〜9およびa〜f) |
| %X | xのa〜fが大文字 |
| %e | 指数表記の浮動小数点数(指数表記はe) |
| %E | eの指数表記が大文字 |
| %f | 進浮動小数点数 |
| %F | fと同じ |
| %g | 指数部が-4以上か精度以下の場合にはeと同じ。それ以外はfと同じ |
| %G | gの指数表記が大文字。 |
| %c | 1文字分の文字 |
| %r | 文字列(Pythonオブジェクトをrepr()で変換) |
| %s | 文字列(Python オブジェクトをstr()で変換) |
| %a | 文字列(Pythonオブジェクトをascii()で変換) |
| %% | 文字'%' |

151

■ SECTION-014 ■ 文字列型の取り扱い

　また、上記のエスケープだけではなく、「%」(パーセント)の後ろにフィールドの名前を定義し、値をディクショナリとして渡すこともできます。

```
x = 'Hello'
y = 'World'
z = '%(say)s, %(target)s' % { 'say': x, 'target': y }    # z = 'Hello, World' となる
```

　文字列の取り扱いに関しては、ここで紹介した以外にもさまざまな機能が用意されています。そうした手法について網羅することはこの本の目的ではないので、興味のある方は下記のPython公式のドキュメントを参照してください。

- string --- 一般的な文字列操作 — Python 3.7.1 ドキュメント
    URL https://docs.python.org/ja/3/library/string.html

# SECTION-015

# 独自のパーサーを作成する

## マークアップ言語の定義

文字列の形式で記述されたデータを使用するのは、必ずしも人間にそのデータを読んでもらうためばかりではありません。

中には、コンピュータが読み込んで処理することを前提とした、データ記述言語としてテキストファイルを使用することがあります。そうしたデータ記述言語は、文字列処理によって正しくパースしてやることで初めて、その中に保存されたデータを取り出すことができます。

ここでは、文字列として保存されたデータを扱うサンプルとして、簡単な独自のマークアップ言語を定義し、そのマークアップ言語を解析し、XMLドキュメントに変換するコードを作成します。

### ◆ 枝と葉でツリー構造を定義する

ここで使用するマークアップ言語は、ラベル付きの枝と葉からなる簡単な木構造を定義するものとします。

言語の定義としては、ファイル内の1行に1つのデータを記述し、「>」(大なり記号)から始まる行は新しい枝を定義、「:」(コロン)から始まる行は新しい葉を定義するものとします。また、「<」(小なり記号)は枝を根元に向かって1つ戻る記号とします。

```
>枝のラベル
:葉のラベル
<
```

このマークアップ言語で、下記の図のような木構造を定義すると、次のようになります。

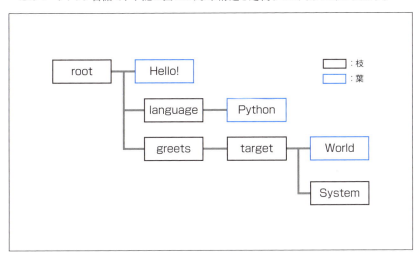

■ SECTION-015 ■ 独自のパーサーを作成する

```
>root
:Hello!
>language
:Python
<
>greets
>target
:World
:System
<
<
<
```

ここではサンプルとして、上記の内容を「markup.txt」として保存しておきます。

ファイルからの読み込み

さて、ここで利用するマークアップ言語が定義できたので、実際にファイルからデータを読み込んでパースするためのコードを作成していきます。

ここで定義したマークアップ言語では、データ構造として木構造を使用するので、それぞれの枝の親子関係を扱うためのデータ構造が必要になります。

◆スタックとキュー

スタックとキューは、プログラミングで活用される基本的なデータ構造の1つで、たくさんのデータを順番に出し入れするバッファとして動作します。

スタックは、「後入れ先出し(LIFO)」と呼ばれるバッファで、最後に追加されたデータから順番に取りされます。また、キューは「先入れ先出し(FIFO)」と呼ばれる待ち行列で、最初に追加されたデータから順番に取り出されます。

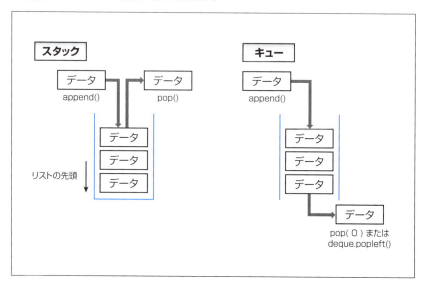

## SECTION-015 独自のパーサーを作成する

　このように、スタックとキューは一次元の配列を用いれば実装できるので、Pythonではリストを使用して実装することができます。

　Pythonのリストには、データを末尾に追加する「append」関数と、データを取り出す「pop」関数があるので、スタックまたはキューにデータを追加する際には「append」関数を、データを取り出す際には「pop」関数を使用します。「pop」関数では引数を指定しなければリストの末尾、指定すればそのインデックスのデータを取り出すので、スタックの場合はリストの末尾から、キューの場合は「pop」関数の引数に0を指定してリストの先頭からデータを取り出します。

```
stack = [ 0, 1, 2 ]
stack.append( 3 )      # スタックにデータを追加する
a = stack.pop()        # スタックからデータを取り出す
print( a )             # 3   と表示される
b = stack.pop()        # スタックからデータを取り出す
print( b )             # 2   と表示される

queue = [ 0, 1, 2 ]
queue.append( 3 )      # キューにデータを追加する
c = queue.pop( 0 )     # キューからデータを取り出す
print( c )             # 0   と表示される
d = queue.pop( 0 )     # キューからデータを取り出す
print( d )             # 1   と表示される
```

　ただし、キューの場合、データを取り出すたびに、その他のデータをすべて1つずつ前にずらす処理が実行されるので、リストによる実装では実行効率が悪くなります。

　そのため、巨大なキューを使用する場合は「collections」パッケージに存在する「deque」クラスを使用します。

```
from collections import deque

queue = deque( [ 0, 1, 2 ] )    # キューを定義
queue.append( 3 )               # キューにデータを追加する
e = queue.popleft()             # キューからデータを取り出す
print( e )                      # 0   と表示される
f = queue.popleft()             # キューからデータを取り出す
print( f )                      # 1   と表示される
```

　ここで作成するパーサーでは、木構造を扱うために、現在、処理している枝と、根元から現在の枝までの経路をスタックに保存します。

　まずは「HelloParser」という名前でクラスを作成し、その中にスタックとなるリストを作成します。

```
class HelloParser:
    def __init__( self ):
        self.stack = []
```

■ SECTION-015 ■ 独自のパーサーを作成する

```
def get_indent( self ):
    return ' ' * len( self.stack )
```

また、現在の枝の深さだけの空白文字を作成する「`get_indent`」関数も作成します。

文字列と数値の「`*`」演算では、リストと同じように数値分の繰り返しが作成されるので、1つの空白文字にスタックの長さをかけると、現在の枝の深さだけの空白文字が作成されます。

◆ 例外処理

プログラムの実行時に発生するかもしれないエラーについては、これまで解説していませんでしたが、ここで説明しておきます。

Pythonでは、プログラムの処理中に発生したエラーについては、「例外処理」という手法を用いてハンドリングします。

例外処理は「`try`」文と「`expect`」文によって構成される処理ブロックで、必要に応じて「`finally`」文と「`else`」文も使用されます。

プログラムの実行時に発生したエラーは、Pythonでは「例外」として、処理ブロックの外側へと向かって伝播していきます。

例外処理の動作は関数の「`return`」文と似ている部分があります。関数の「`return`」文が呼び出されると関数の処理を途中で終了して呼び出し元に戻るように、例外処理では例外が発生すると、処理の途中で処理ブロックの中から抜けて、別の場所へと処理を移します。関数の「`return`」文と異なるのは、例外処理では例外が発生したタイミングでtry処理ブロックの処理が終了し、expect処理ブロックへと移動することです。

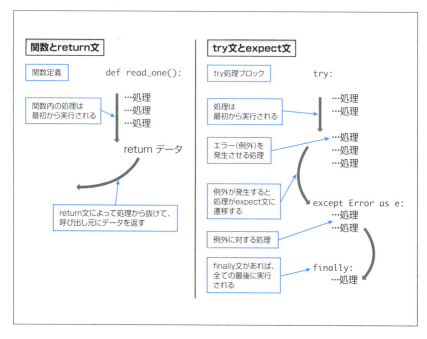

そして、「expect」文には対応する例外を表すクラスを与えて定義します。そうすることで、ハンドリングした例外のみを受け取るexpect処理ブロックが作成されます。また、「finally」文がある場合は、例外が発生した・しないにかかわらず、「try」文または「expect」文の処理ブロックが実行された後に「finally」文の処理ブロックが実行されます。「else」文がある場合は、例外が発生しなかった際に、「try」文の処理ブロックが実行された後に「else」文の処理ブロックが実行されます。

```
try:
    例外が発生するかもしれない処理
expect 例外クラス as 変数名:
    例外が発生したときの処理
else:
    例外が発生しなかったときの処理
finally:
    すべてが終わったときの処理
```

1つの例外処理に対して「expect」文はいくつあっても構いませんし、例外処理は入れ子にすることもできます。例外をハンドリングするexpect処理ブロックが存在しない場合は、外側のexpect処理ブロックへと例外が伝播し、最終的にはPythonのプログラムがその例外をハンドリングして、処理の継続が不可能な場合はプログラムが異常終了することになります。

ここで作成しているパーサーの場合、エラーが発生する条件としては、ファイルから読み込んだデータが定義されたマークアップ言語の文法に則っていない場合でしょう。その場合に、パーサーが定義した例外を発生させるようにします。

まずは、ここで作成しているパーサー用の例外クラスを作成します。すべての例外クラスは、「Exception」クラスの派生クラスとして作成します。

例外クラスは、ここで紹介しているようにプログラマが独自に作成することもできますし、パッケージ内の機能としてあらかじめ用意されているものを使用することもできます。

```
class ParseError( Exception ):
    pass
```

ここでは中身が空の「ParseError」というクラスを作成し、エラーを定義します。
これで、パーサーで例外を使用する準備が整いました。

■ SECTION-015 ■ 独自のパーサーを作成する

## ◆ 1行をXMLタグに変換する

それではいよいよ、実際にマークアップ言語の文字列を扱い、データ構造をパースするためのコードを作成します。

最初に作成した「HelloParser」クラス内に、1行分、マークアップ言語を読み込んで、対応するXMLタグを返す関数を作成します。

まず、関数内で、引数として与えられたファイルから1行分のデータを読み込みます。そして、読み込んだデータに従って処理を分岐します。読み込んだデータの最初の1文字を取得するには、配列と同様「[0]」を添え字とし、2文字目以降を取得するにはスライスを使用して「[1:]」とします。さらに、「strip」関数で改行文字を削除しています。

処理の分岐は、まず、ファイルからこれ以上のデータが読み込めない場合はNoneを返します。それ以外の場合は、読み込んだデータの最初の1文字をチェックし、「>」(大なり記号)であれば、新しい枝を作成します。新しい枝については、枝のラベルをXMLタグのタグ名として作成し、さらにスタックに新しく作成した枝を追加します。

そして、「<」(小なり記号)の際には、スタックから現在の枝を取り出し、XMLの閉じタグを作成します。

また、「:」(コロン)の場合は葉として、XMLタグの「<p></p>」内に、葉のラベルを作成します。

それ以外の場合は構文エラーとなります。エラーについては先ほど説明した通り、「Parse Error」クラスを例外として発生させます。例外は、「raise」文に例外クラス名を与えることで発生させることができます。

「raise」文が実行されると、最も内側の「expect」文へと処理が遷移します。

```python
def read_one( self, file ):
    line = file.readline()
    if not line:
        return None
    elif line[0] == '>':
        starttag = line[1:].strip()
        xmltag = self.get_indent() + '<%s>' % starttag
        self.stack.append( starttag )
        return xmltag
    elif line[0] == '<':
        endtag = self.stack.pop()
        return self.get_indent() + '</%s>' % endtag
    elif line[0] == ':':
        leaf = line[1:].strip()
        return self.get_indent() + '<p>%s</p>' % leaf
    else:
        raise ParseError
```

## ◆ジェネレータを使う

　以上でファイル内の1行をXMLタグに変換するコードはできましたが、ファイル全体を読み込んでXMLドキュメントとするコードも必要になります。

　そのような処理の場合、ファイルのデータすべてを読み込んでから処理を行うのでは、メモリ効率が悪いので、1行ずつ処理を行い、今処理している行以外のデータは保持しないようにしたいところです。

　そこでここでは、Pythonの「**ジェネレータ**」という機能を利用して、読み込んだ行をその都度、XMLタグに変換して返す関数を作成します。

　ジェネレータとは、「yield」文で実装される機能で、次々とデータを生成していくような関数を作成する機能です。

　「yield」文は「return」文と似ており、関数内で実行されるとその関数の呼び出し元へと処理を遷移させます。ただし、「yield」文では、「return」文のように値をそのまま返すのではなく、指定した値を出力するイテレータを生成して、呼び出し元へと返します。

　「yield」文が「return」文と異なっているのは、関数内の処理を終了して呼び出し元へ戻るのではなく、関数内の処理は一旦、一時停止しているだけという点です。「yield」文が返したイテレータは、次の値を取り出そうとする際に、元の関数内の処理を再開し、再び「yield」文が実行されるのを待ってその値を次の値とします。

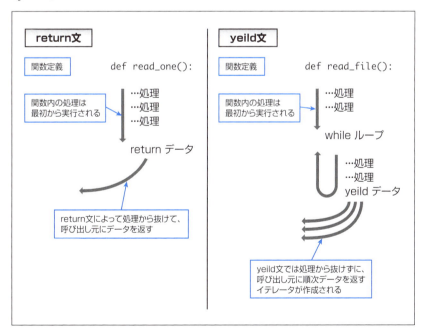

■ SECTION-015 ■ 独自のパーサーを作成する

「HelloParser」クラス内に、ファイル名を受け取ってその内容をXMLタグとするジェネレーターを作成します。ジェネレーターを作成するには、「yield」文を含む関数を作成します。

次の関数では、ファイルから1行分のデータを読み込むたびに、それをXMLタグへと変換して、「yield」文で関数の呼び出し元に返すようにしています。

この関数はファイルの内容をすべて変換しますが、ファイルの内容をすべてメモリ上に読み込むことはなく、1行ずつ処理を行う都度、関数の呼び出し元へとデータを返すので、メモリ効率良く動作します。

```
def read_file( self, filename ):
  with open( filename ) as file:
    tag = self.read_one( file )
    while tag:
      yield tag
      tag = self.read_one( file )
```

◆ XMLを出力する

ジェネレーターが返すイテレータは、forループなどで使用することができます。

まず、「HelloParser」クラスのインスタンスを作成し、「read_file」からジェネレーターを取得します。そして、そのジェネレーターを「for」文でループさせることで、変換されたXMLタグを1行ずつ取得することができます。

```
try:
  p = HelloParser()
  for tag in p.read_file( 'markup.txt' ):
    print(tag)
except ParseError:
  print( '文法エラー' )
```

最後に全体を例外処理のための「try」文と「expect」文で囲い、変換されたXMLタグを「print」関数で表示するようにします。

上記のコードをすべてつなげて、コンソール上から実行すると、次のように「markup.txt」の内容がXMLドキュメントに変換されて表示されます。

```
<root>
  <p>Hello!</p>
  <language>
    <p>Python</p>
  </language>
  <greets>
    <target>
      <p>World</p>
      <p>System</p>
    </target>
  </greets>
</root>
```

## SECTION-016

# データ記述言語の取り扱い

### ● JSONの取り扱い

前節では簡単な独自のマークアップ言語を定義し、そのデータ構造をXMLドキュメントに変換しました。

XMLもまた、マークアップ言語の一種でありデータ記述言語の1つですが、先ほどの独自に定義した言語とは異なり、W3Cでフォーマットが策定（勧告）されています。

そうした一般的なデータ記述言語は、特にインターネット上のAPIにおいて、共通のフォーマットでさまざまなデータを表現するために使用されます。

ここでは、JSONやXMLなどの、一般的なデータ記述言語をPythonで扱う方法について紹介します。

### ◆ JSONファイルを読み込む

JSONは、JavaScriptのオブジェクト定義の記法をベースに作成されたデータ記述言語で、単純なフォーマットをしているために、主にWebAPIとのデータのやり取りで広く利用されています。

JSONに含まれるデータ構造は、配列または辞書（連想配列）となっており、多くの高級言語では言語に用意されているデータ構造に、そのままJSONデータを投入することができます。

Pythonでも、JSONは標準でサポートされており、「json」パッケージ内の機能を使用して扱うことができます。

まずは、次のような内容のJSONファイルが「sample.json」として保存されているものとします。

```
["Hello!",{"language":"Python"},{"greets":{"target":["World","System"]}}]
```

文字列として表現されるJSONデータを、Pythonのデータとしてエンコードするには、「json」パッケージの「loads」関数を使用します。

そこで、次のコードは、このJSONファイルを読み込んで、Pythonのデータとしてエンコードします。

```
import json
with open( 'sample.json', 'r' ) as f:
  data = json.loads( f.read() )      # dataにJSONデータが入る
```

上記のコードでは、まず「open」関数で「sample.json」を開き、「read」関数でファイルの内容をすべて読み込んでいます。

そして、文字列として読み込まれた内容を、「json.loads」関数を使用してPythonのデータにしています。

次のように、読み込んだデータの内容を確認してみます。

CHAPTER **05**

文字列とマークアップ言語

161

■ SECTION-016 ■ データ記述言語の取り扱い

```
print( data[ 0 ] )     # Hello!  と表示される
print( data[ 1 ] )     # {'language': 'Python'}  と表示される
print( data[ 1 ][ 'language' ] )      # Python  と表示される
print( data[ 2 ][ 'greets' ][ 'target' ][ 0 ] )     # World  と表示される
print( data[ 2 ][ 'greets' ][ 'target' ][ 1 ] )     # System  と表示される
```

　「json」パッケージを使用してJSONデータを読み込むと、JSON上の配列はPythonのリストとして、辞書はPythonのディクショナリとしてエンコードされます。また、JSONデータにおける文字列や数値は、Pythonにおける文字列型および整数型・浮動小数点型になります。

◆ JSONファイルを書き出す

　また、逆に、Pythonのリストやディクショナリを含むデータをJSON形式の文字列にするには、「json」パッケージの「dumps」関数を使用します。

　そのため、PythonのデータをJSONファイルとして保存するためのコードは、次のようになります。

```
data = ['Hello!',
    {'language': 'Python'},
    {'greets': {'target': ['World', 'System']}}
  ]
with open( 'sample.json', 'w' ) as f:
  f.write( json.dumps( data ) )
```

　Python標準のデータ型を使用できるので、jsonパッケージの機能は便利なのですが、numpyのndarray型など標準のリスト・ディクショナリ以外のデータ型は使用できないことに注意してください。

```
import json
import numpy
a = json.dumps( [1,2,3] )       # a = '[1, 2, 3]'  となる
b = json.dumps( numpy.array( [1, 2, 3] ) )     # エラーとなる
```

## XMLの取り扱い

　データ記述言語の代表的なものとして、マークアップ言語の1つであるXMLが挙げられます。
　XMLはそれ自体がかなり複雑な言語仕様を持っており、そのすべてを完全にハンドリングするための機能は、それだけで巨大なものになってしまいます。また、PythonでXMLを扱えるパッケージには、外部パッケージも含めてさまざまなものがあります。

　そのため、ここでは、Python標準の「xml」パッケージを利用して、XMLデータを取り扱うことにします。

◆ XMLのパース

　Python標準の「xml」パッケージには、XMLのDOMとSAXを扱うための「dom」「sax」と、XMLデータのパーサーを実装するための「parsers」、XMLのデータ構造を実装する「etree」モジュールが含まれています。

■ SECTION-016 ■ データ記述言語の取り扱い

ここでは「etree」モジュールのElementTreeを使用して、直接、XMLのツリー構造を扱います。

まず、ElementTreeを使用してXMLファイルを読み込むには、「parse」関数を使用します。「parse」関数で読み込んだXMLデータからは、「getroot」関数を使用して木構造のルートエレメントを取得できます。

また、「fromstring」関数で文字列を直接、エンコードして、エレメントを取得することもできます。

```python
from xml.etree import ElementTree
file = ElementTree.parse( 'sample.xml' )      # XMLファイルを読み込む
filedata = file.getroot()                     # XMLファイル内のルートエレメントを取得
data = ElementTree.fromstring( '''
<root id="main">
say
<data1 id="first">Hello</data1>
<data2 id="second">World</data2>
</root>''' )     # XML文字列内のエレメントを取得
```

取得したエレメントからは、「tag」「attrib」「text」を使用して、タグ名、アトリビュート、中のテキストエレメントを取得できます。これらのうち「tag」と「text」は文字列型、「attrib」はディクショナリとなります。

```python
print( data.tag )                # root   と表示される
print( data.attrib )             # {'id': 'main'}   と表示される
print( data.attrib[ 'id' ] )     # main   と表示される
print( data.text )
"""

say

と表示される
"""
```

また、エレメントからはイテレータとして子・エレメントを取得できます。

```python
for c in data:
  print( c.attrib[ 'id' ] + ' -> ' + c.text )
"""
first -> Hello
second -> World
と表示される
"""
```

■ SECTION-016 ■ データ記述言語の取り扱い

◆ 通信について少しだけ

XMLは主に、WebAPIにおけるサーバーとクライアント間でのデータのやり取りに使用される、データ記述言語です。

WebAPIを使用してデータを取得する場合、最もよく使われるプロトコルはHTTPかHTTPSによる通信でしょう。

PythonではHTTP・HTTPSプロトコルを使用するためのパッケージとして、「urllib」が用意されています。そして、「urllib」パッケージ内の「request」モジュールを使用すると、URLで指定されたサーバーからデータをダウンロードすることができます。

「request」モジュールの最も単純な使用方法は、「urlopen」関数でサーバーと通信を行い、その結果を「read」関数で読み込むことです。読み込んだデータは「decode」関数に文字コードを指定することで、Pythonの文字列型とすることができます。

```
from urllib import request

url = 'http://yahoo.co.jp'

with request.urlopen( url ) as response:
    # URLから読み込む
    html = response.read().decode( 'utf-8' )
```

上記のコードを実行すると、「http://yahoo.co.jp」へと接続して取得したHTMLドキュメントを変数「html」に格納します。

また、URLへ接続する際にエラーが発生した場合には「URLError」例外が、通信時にエラーが発生した場合には「HTTPError」例外が発生します。

発生するかもしれない「URLError」および「HTTPError」例外をハンドリングするには、「urllib」パッケージ内の「error」モジュールから該当する例外クラスをインポートし、次のように「try〜expect」文を使用します。

```
from urllib.error import URLError, HTTPError

try:
    with request.urlopen( url ) as response:
        # URLから読み込む
        html = response.read().decode( 'utf-8' )
expect URLError as e:
    print( '接続エラー' )    # エラー発生時
expect HTTPError as e:
    print( '通信エラー' )    # エラー発生時
```

その他の「urllib」パッケージによる通信については、CHAPTER 08で再び取り上げます。

## ◆WebAPIのパース

XMLと通信を扱うための基本を紹介したので、実際のWebAPIの例として、郵便番号検索APIにアクセスした結果をパースしてみることにします。

- 郵便番号検索API
  URL http://zip.cgis.biz/

まず、郵便番号検索APIでは、「`http://zip.cgis.biz/xml/zip.php`」にあるAPIに、「`zn=`」で検索したい郵便番号を指定してアクセスすると、次のようなXMLでその住所を返します。

そこでまずは、次のように検索したい郵便番号からURLを作成して、「`urllib`」パッケージの「`request`」モジュールにある「`urlopen`」関数を呼び出します。

さらに、読み込んだ結果をUTF-8文字列として、「`fromstring`」関数でXMLをパースします。

```
from urllib import request
from xml.etree import ElementTree

zipcode = '1638001'
url = 'http://zip.cgis.biz/xml/zip.php?zn=%s' % zipcode

with request.urlopen( url ) as response:
```

```
text = response.read().decode( 'utf-8' )
data = ElementTree.fromstring( text )
```

上記のコードが実行された後、変数の「data」には、XMLのルートエレメントが入っています。
そして、XMLのルートエレメント内にある「ADDRESS_value」タグの中に、「value」タグのアトリビュートとして住所の情報が入っています。
ElementTreeの「find」関数または「findall」関数を使用すると目的のタグを検索することができるので、次のように、「ADDRESS_value」の子の中にあるアトリビュートをすべて、変数「d」のラベルに代入します。

```
d = {}
for val in data.find( 'ADDRESS_value' ):
  for keys in val.attrib.keys():
    d[ keys ] = val.attrib[ keys ]
```

すると次のように、WebAPIから取得した住所を利用できます。

```
print( d[ 'state' ] )      # 東京都      と表示される
print( d[ 'address' ] )    # 西新宿２丁目８－１    と表示される
print( d[ 'company' ] )    # 東京都庁    と表示される
```

## ● HTMLの取り扱い

HTMLは、インターネット上で文章データを公開する際の、事実上標準として利用されているマークアップ言語です。現在では、さまざまなデータがインターネット上で公開されており、それらのデータをスクレイピングして利用する用途も増えているため、HTMLをプログラムから取り扱う機会は多くなっています。
ここでは、Pythonの外部パッケージを使用することでHTMLを取り扱う方法について解説します。

### ◆ BeautifulSoupの導入

PythonでHTMLを扱うためのパッケージは、外部パッケージも含めると実にさまざまなものがあります。そしてそれらの中には、Webサーバーからデータを取得し、リンクをたどるところまで行ってくれる、事実上のクローラーさえ存在しています。
しかし、あまりに抽象化されたパッケージを紹介しても、実際の目的には合致しない恐れがあるので、ここではマークアップ言語としてのHTMLをパースするという目的に対して広く使われている「BeautifulSoup」パッケージを使用することにします。
まずは次のコマンドを実行して、「BeautifulSoup」パッケージをインストールします。

```
$ pip3 install beautifulsoup4
$ pip install beautifulsoup4
```

## ◆ BeautifulSoupによるHTMLのパース

BeautifulSoupはHTMLだけではなくXMLドキュメントに対しても利用できますが、ここではHTMLのみを対象に解説します。

BeautifulSoupの機能は、「bs4」パッケージにあるBeautifulSoupクラスから利用できます。まずはBeautifulSoupクラスをインポートし、文字列としてHTMLコードを渡してみましょう。

```
from bs4 import BeautifulSoup

# HTMLコードを準備
html = '''
<!DOCTYPE html>
<html>
<head>
<title>BeautifulSoup test</title>
</head>
<body>
<h1 id="hello">Hello, BeautifulSoup !</h1>
<h1 id="nice">Nice to meet you, HTTP !</h1>
<h1 id="how">How are you, HTML !</h1>
This is document.
</body>
</html>
'''

soup = BeautifulSoup( html )    # BeautifulSoupオブジェクトを作成
```

上記のコードが実行されると、変数「soup」にはHTMLをパースしたBeautifulSoupオブジェクトのインスタンスが作成されます。

BeautifulSoupオブジェクトからは、HTMLのDOMツリーをたどってタグを検索することができます。BeautifulSoupオブジェクトに対して、タグ名を使って参照すると、DOMツリー内の該当するタグを表すBeautifulSoupオブジェクトが取得できます。

```
a = soup.title
print( a )    # <title>BeautifulSoup test</title>   と表示される
b = soup.h1
print( b )    # <h1 id="bigtext">Hello, BeautifulSoup !</h1>   と表示される
```

## ◆ DOMノードの情報を取得する

取得したタグに対しては、ディクショナリのように「[]」(角括弧)を使用してアトリビュートを参照することができます。また、「get」関数も使用することができて、「get」関数では存在しないアトリビュート名を指定した場合、Noneが返されます。

```
c = soup.h1[ 'id' ]
print( c )    # hello   と表示される
d = soup.h1.get( 'id' )
```

```
print( d )      # hello   と表示される
e = soup.h1.get( 'name' )
print( e )      # None    と表示される
```

また、タグに対して「title」「string」「parent」を参照すると、そのタグのタグ名、内容のテキスト、親のタグを取得できます。

```
f = soup.title.name       # title   と表示される
print( f )
g = soup.title.string     # BeautifulSoup test  と表示される
print( g )
h = soup.title.parent
print( h )
"""
<head>
<title>BeautifulSoup test</title>
</head>
と表示される
"""
```

◆ DOMノードを検索する

HTML内から任意のDOMノードを選択したい場合、BeautifulSoupオブジェクトからは「find」または「find_all」関数を使用してタグを検索することができます。

「find_all」関数では、条件に合致するすべてのタグのリストが返されます。

```
i = soup.find_all( 'h1' )
print( len( i ) )         # 3   と表示される
print( i[0] )             # <h1 id="hello">Hello, BeautifulSoup !</h1>   と表示される
print( i[1].string )      # Nice to meet you, HTTP !   と表示される
print( i[2].name )        # h1   と表示される
```

「find」または「find_all」関数は、取得したタグからでも使用できるので、それを利用して親子構造を検索することもできます。

また、「select」関数を使用すれば、CSSなどで利用されるセレクタを使用して該当するタグを検索することもできます。

```
j = soup.find( 'body' ).find( 'h1' )
print( j )      # <h1 id="hello">Hello, BeautifulSoup !</h1>   と表示される
k = soup.find( 'h1', id='nice' )
print( k )      # <h1 id="nice">Nice to meet you, HTTP !</h1>   と表示される
l = soup.select( 'body > h1#how' )
print( l )      # [<h1 id="how">How are you, HTML !</h1>]   と表示される
```

■ SECTION-016 ■ データ記述言語の取り扱い

◆DOMツリーを更新する

その他にもBeautifulSoupでは、値を参照するだけではなく代入することでDOMツリーを更新することができます。

```
soup.find( 'h1', id='how' ).string = 'Fine!'
m = soup.select( 'body > h1#how' )
print( m )    # p[<h1 id="how">Fine!</h1>]  と表示される
```

◆Wikipediaをクロールする

以上でBeautifulSoupの概要について解説したので、実際にインターネット上からWebページを取得して、解析するコードを作成してみます。

ここではフリー百科事典のWikipediaから、ランダムにリンクをたどってページをクローリングするコードを作成します。

まずは、WebAPIのときと同様にURLからページをダウンロードし、BeautifulSoupを使ってHTMLをパースします。パースしたら「print」関数でページのタイトルを表示し、その処理全体を無限ループ内に入れます。

```
import random
import re
from urllib import request
from bs4 import BeautifulSoup

url = 'https://www.wikipedia.org/'

while True:
  with request.urlopen( url ) as response:
    html = response.read().decode( 'utf-8' )
    soup = BeautifulSoup( html )
    print( soup.title.text )
```

次に、ループ内で、現在のページに含まれている「<a>」タグをすべて取得し、リンク先を取得します。取得した「<a>」タグはリストになっているので、「random」パッケージの「choice」関数を使用して、その中の1つのみをランダムに選択します。そして「get( 'href' )」で「<a>」タグのリンク先を取得します。

リンク先はHTMLページに対するものだけを選別するため、「/」または「.html」で終わっているものを使用し、さらに「//」で始まっているものは「https:」プロトコルを追加、「/」で始まっているものは現在のページのホスト名を追加します。最後にWikipedia以外の外部サイトへのリンクを排除するため、正規表現を使用して作成されたリンク先URLがWikipediaのホストであることを確認します。

そうして作成されたリンク先のURLが、現在のURLと異なっていれば、外側の無限ループによってクロールが繰り返されます。

■ SECTION-016 ■ データ記述言語の取り扱い

```
now_url = url
while now_url == url:
  link = random.choice( soup.find_all( 'a' ) )
  href = link.get( 'href' )
  if href and ( href.endswith( '/' ) or href.endswith( '.html' ) ):
    if href.startswith( '//' ):
      url = 'https:' + href
    elif href.startswith( '/' ):
      host = response.geturl().split( '/' )[2]
      url = 'https://' + host + href
    else:
      url = href
    if not re.match( 'https://[a-z]*.wikipedia.org/', url ):
      url = now_url
```

　上記のコードは先ほどの無限ループを含むコードの後ろに作成します（インデントを外側の
ループに合わせて追加する必要があります）。

　完成したコードを実行すると、次のように、Wikipediaのトップページからクローリングして取
得したページのタイトルが表示されます。

```
Wikipedia
维基百科，自由的百科全书
Wikipedija
Википедия — свободная энциклопедия
Vikipeedia
Wikipedia bahasa Indonesia, ensiklopedia bebas
Wikipédia
Wikipedia, a enciclopedia libre
Вікіпедія
... 以下略 ...
```

　表示されるタイトルは、ランダムに選択したリンク先のものなので、実行するたびに異なって
います。

　このクローラーは放置しておくと永遠にダウンロードを続けるので、適当なところでキーボード
から「Control+C」を押して終了させてください。

170

# CHAPTER 06

## ファイル操作と
## マルチメディア

## SECTION-017

# ファイルの取り扱い

### ▶ ファイル操作の基礎

すでに気付いていると思いますが、Pythonプログラミングを学ぶことには、プログラミング言語としてのPythonを学ぶことと、Pythonパッケージの使い方を学ぶことの、2つの領域があります。

本書ではあえてその2つを渾然と解説していますが、頻繁に使用されるものに限っても Pythonのパッケージにはさまざまな種類があり、その中には膨大な機能が含まれています。

そうしたパッケージは世界中の有志達によって作成され、日々更新され続ける、広大な Python世界の一部を構成しています。

そこで、そうしたパッケージの機能を完全に網羅することは無理であっても、せめてその概要だけでも紹介するために、Python世界の"サファリ・ツアー"を開催して、いくつかのパッケージについて基本となる要素とポリシーについて解説していくことにします。

さあ、サファリバスに乗り込む準備はできたでしょうか？　この車窓から眺める風景はPython世界のほんの一部分であり、各パッケージの中には本書では紹介しきれなかった魅力的な機能が、まだまだたくさん含まれています。

しかし、ここで紹介する内容は、さらに踏み込んでPythonの学習を進める第一歩になることでしょう。

この章ではファイルの操作についてと、外部パッケージの使用例として、画像やマルチメディアファイルの取り扱いについて解説します。

### ◆ ファイルを開く

これまでの章でも使用してきましたが、ファイルを開くにはPython標準の「open」関数を使用します。「open」関数には、開くファイルの名前と、ファイルをどのモードで開くかを表す文字列を指定します。ファイルの名前は、絶対パスでも相対パスでも構いません。相対パスの場合は、プログラムを実行した場所からの相対パスになります。

開いたファイルを閉じるには「close」関数を呼び出しますが、これはCHAPTER 02でも説明したように、「with」文を使用すると省略できます。「with」文については後述します。

```
a = open( 'testfile.txt', 'r' )    # ファイルを読み込みモードで開く
a.close()                          # 開いたファイルを閉じる
```

ファイルの扱いを表すモードを文字列で指定するのは、C言語の「fopen」関数と同じように指定できるよう設計されたからです。

次ページの表に、利用できるモードとその文字列を例示します。

## SECTION-017 ■ ファイルの取り扱い

| 文字列 | ファイル形式 | モード | ファイルが存在しない場合の処理 |
|---|---|---|---|
| r | テキスト | 読み取り | エラー |
| w | テキスト | 書き込み | 新規作成 |
| a | テキスト | 追加書き込み | 新規作成 |
| rb | バイナリ | 読み取り | エラー |
| wb | バイナリ | 書き込み | 新規作成 |
| ab | バイナリ | 追加書き込み | 新規作成 |
| r+ | テキスト | 読み取りおよび書き込み | エラー |
| w+ | テキスト | 読み取りおよび書き込み | 新規作成 |
| a+ | テキスト | 追加書き込み | 新規作成 |
| rb+ | バイナリ | 読み取りおよび書き込み | エラー |
| wb+ | バイナリ | 読み取りおよび書き込み | 新規作成 |
| ab+ | バイナリ | 更新(追加書き込み) | 新規作成 |

### ◆ バイト列の取り扱い

　上記の表にあるように、ファイルの扱いを表すモードに「r」や「w」を指定してファイルを開いた場合、そのファイルはテキストファイルとして扱われます(この「テキストファイル」は、拡張子が.txtのものだけではなく、XMLやCSVファイルなど、テキスト形式でデータを保存しているファイル一般も含みます)。

　一方で、ファイルの扱いを表すモードに「b」を追加すると、そのファイルはバイナリファイルとして扱われるようになります。

　バイナリファイルとして開かれたファイルに対して、データの読み書きをするときは、バイト列型のオブジェクトでデータを扱います。

　バイト列を作成する単純な方法は、文字列型と同じように「'」(シングルクォーテーション)または「"」(ダブルクォーテーション)で囲んだリテラルを作成し、その前に小文字の「b」を付けます。

```
b = b'Hello, World!'    # bはASCIIの「Hello, World!」が入ったバイト列
print( b )              # b'Hello, World!' と表示される
```

　任意のデータを持つバイト列を作成する場合には、「fromhex」関数を使用できます。これは、16進数値の文字列として与えられた引数を、バイト列に変換します。「fromhex」関数の引数では、空白文字は無視されます。

　また、「hex」関数はその逆に、バイト列を16進数値の文字列に変換します。

```
c = bytes.fromhex( '00 12 24 48 8F' )
print( c.hex() )    # 001224488f と表示される
```

　「bytes」関数を使用して、任意の長さを持つバイト列のバッファを作成したり、整数型のイテレータから直接、バイト列を作成することもできます。

```
d = bytes( 5 )
print( d.hex() )    # 0000000000 と表示される
```

```
e = [ 0x00, 0x12, 0x24, 0x48, 0x8F ]
f = bytes( e )
print( f.hex() )      # 001224488f   と表示される
```

　その他にも、バイト列型には文字列型と同じように、「startswith」「endswith」「find」「index」「replace」「split」「strip」「join」「isalpha」「isalnum」「isascii」「isdigit」「isspace」などの関数があります。

　それらの関数の使い方は、文字列型の場合と同じなので、CHAPTER 05の142ページを参照してください。また、バイト列型にあるその他の関数については、Python公式のドキュメントを参照してください。

- 組み込み型 — Python 3.7.1 ドキュメント
  **URL** https://docs.python.org/ja/3/library/stdtypes.html

### ◆ ファイルの操作

　ファイルからデータを読み込むには、「read」関数を使用します。「read」関数は、引数を指定しなければファイルのすべてを読み込んで返します。引数を指定すると、引数で指定したサイズ分だけファイルの内容を読み込んで返します。

　また、テキストファイルから1行分読み込むには、「readline」関数を使用します。

　「read」関数と「readline」関数はどちらも、ファイルの最後に到達すると空の文字列を返します。

```
g = open( 'testfile.txt', 'r' )
h = g.read( 10 )      # testfile.txtから10バイト読み込む(hは文字列型)
i = g.readline()      # testfile.txtから1行読み込む(iは文字列型)
g.close()
j = open( 'testfile.bin', 'rb' )
k = j.read( 10 )      # testfile.binから10バイト読み込む(kはバイト列型)
j.close()
```

　ファイル内のすべての行を読み込む場合は、「readlines」関数を使用するか、テキストファイルとして開いたファイルを、直接、「list」関数でリストに変換します。

```
l = open( 'testfile.txt', 'r' )
m = l.readlines()     # testfile.txtからすべての行を読み込む
l.close()
n = open( 'testfile.txt', 'r' )
o = list( n )         # testfile.txtのすべての行をリストにする
n.close()
```

　また、ファイルへデータを書き込むには、「write」関数を使用します。

```
p = open( 'testfile.txt', 'w' )
p.write( 'Hello, World!' )     # ファイルに文字列型を書き込む
p.close()
```

■ SECTION-017 ■ ファイルの取り扱い

```
q = open( 'testfile.bin', 'wb' )
q.write( bytes.fromhex( '00 12 24 48 8F' ) )     # ファイルにバイト列型を書き込む
q.close()
```

　開いたファイルに関して、その一部分のみを読み込んで、さらに続けて一部分を読み込む
とき、読み込む場所は前回の読み込みが終了した場所になります。また、書き込みについて
も同様で、連続した書き込みでは、前回の書き込みが終了した場所から続けて書き込みが
行われます。

　つまり、Pythonのファイルは現在、アクセスしている位置を覚えていて、読み込みや書き込
みが完了した場所から、次の読み込みおよび書き込みを行います。

　ファイルの読み書きを行う場所を更新するには、「seek」関数を使用します。また、現在の
読み書きを行う場所を取得するには「tell」関数を使用します。

　「seek」関数は1つか2つの引数を取り、1つ目の引数は基準点からの移動量、2つ目の引
数は0ならばファイルの先頭、1ならば現在の場所、2ならばファイルの末尾を基準点とします。
「open」関数の2つ目の引数が文字列なのに、「seek」関数では固定の数値で指定するの
は、これもC言語のfseek関数と同じになるよう設計されたためです。

```
r = open( 'testfile.bin', 'wb+' )
r.write( bytes.fromhex( '00 12 24 48 8F' ) )     # ファイルにバイト列型を書き込む
r.seek( 0 )            # ファイルの先頭に移動
s = r.read( 1 )       # 1バイト読み込む
print( s.hex() )      # 00   と表示される
r.seek( 3 )           # 3バイト目に移動
t = r.read( 1 )       # 1バイト読み込む
print( t.hex() )      # 48   と表示される
r.seek( -3, 2 )       # 後ろから3バイト目に移動
u = r.read( 1 )       # 1バイト読み込む
print( u.hex() )      # 24   と表示される
r.close()
```

　「seek」関数および「tell」関数は、基本的にはバイナリファイルに対して使用します。

　テキストファイルに対しては、「seek」関数はファイルの先頭か「tell」関数が返す場所へ
の移動、および「seek( 0, 2 )」でファイルの末尾への移動のみが可能です。

◆ 「with」文

　CHAPTER 02でも解説したように、ファイルを開いた場合、そのファイルを使用しなくなった
際に確実に閉じるようにするには、「with」文による処理ブロックを使用することが便利です。

　「with」文でファイルを開くと、処理ブロックの実行が終わった場合に自動的にファイルの
「close」関数が呼び出されます。

　「with」文でファイルを開くことの利点は、コードが綺麗に書けるだけではなく、ファイル操
作の最中に何らかのI/Oエラーが発生した場合でも、正しくファイルが閉じられるという点にあ
ります。

CHAPTER 06 ファイル操作とマルチメディア

175

■ SECTION-017 ■ ファイルの取り扱い

```
with open( 'testfile.bin', 'wb+' ) as v:
  v.write( bytes.fromhex( '00 12 24 48 8F' ) )
# ファイルが自動で閉じられる
```

　ここで、「with」文の動作について正しく理解するために、Pythonでの「with」文について解説しておきましょう。

　「with」文は本来、ファイル操作のためだけに作られた文法ではなく、コンテキストマネージャという機能を実現するための文法です。

　コンテキストマネージャとは、「__enter__」と「__exit__」という特殊な名前の関数を持つクラスで、そのクラスは「with」文の要素として使用することができます。

　「__enter__」関数は、「with」文の処理ブロックが実行される前に呼び出されて、その戻り値が、「with」文のas以下に指定された変数となります。

　また、「__exit__」関数は、「with」文の処理ブロックが実行された後に呼び出されて、自分自身のクリーンアップ作業を行うことができます。「__exit__」関数は処理ブロックの中で例外が発生した場合にも呼び出されます。「__exit__」関数がTrueを返すと、処理ブロックの中発生した例外は「__exit__」関数でハンドリングして、外部へ伝播させないようにするということを指示できます。

```
class MyWith:
  def __init__( self, text ):
    self.text = text

  def __enter__( self ):
    print( 'enter - ' + self.text )
    return self

  def __exit__( self, exc_type, exc_value, traceback ):
    print( 'exit - ' + self.text )
    return True

with MyWith( 'Hello' ) as w:
  print( 'process - ' + w.text )
"""
enter - Hello
process - Hello
exit - Hello
と表示される
"""
```

　上記の例では「MyWith」というクラスを作成し、コンテキストマネージャとして「with」文の中で使用しています。「MyWith」クラスの「__enter__」関数は自分自身を返すので、as以下で指定した変数「w」には、「MyWith」クラスのインスタンスが入ることになります。

　そのため、処理は「__enter__」関数、with文の処理ブロック、「__exit__」関数の順番で実行され、その順序で「print」関数のメッセージが表示されます。

CHAPTER 06 ファイル操作とマルチメディア

176

## ● オブジェクトの保存と読み込み

　Pythonプログラムにおいてファイルを扱う目的は、多くの場合、プログラム中で使用するデータをプログラムが終了した後も永続的に利用できるように保存しておく、というものでしょう。

　プログラム中のデータをJSON形式で保存する方法についてはCHAPTER 05の162ページで解説したので、ここではその他の形式によるデータの保存について解説します。

### ◆ データの直列化

　テキストファイルやバイナリファイルとしてファイルを開き、データを読み書きすることができれば、プログラム中で使用されているデータを、任意の形式の文字列やバイト列へと変換し、保存することはできます。

　しかし、Pythonで利用できるさまざまなデータ型——リストやディクショナリなど——には、内部にデータ構造を持っているものも多くあります。そうしたデータを保存するためには、まずファイルのフォーマットを定義し、データ入出力のアルゴリズムを作成し……などなどとしなければならず、一から作成しようとするとそれだけで面倒なプログラミング作業が必要になります。

　そこでPythonでは、さまざまなデータ型を、Pythonのプログラム中で利用している形式からそのまま、バイト列形式へと変換し、ファイルに保存する機能を用意しています。また当然、保存したファイルをそのままPythonのプログラム中で利用する形式へと読み込むこともできます。

　そのような機能を「**直列化**」と呼びますが、ここでは「`pickle`」パッケージを使用してデータをファイルに保存します。

　CHAPTER 05で紹介したJSONによるデータの保存も直列化の1つですが、pickleはPython専用に作成されたデータフォーマットを使用するので、JSONよりも多くの形式を直列化することができます。

　pickleによる直列化が可能なのは、Python組み込み型のうち、None・True・False・数値・文字列・バイト列、および、それらのタプル・リスト・ディクショナリ・セット、および、モジュールのトップレベルで定義された関数(lambda式は除く)とクラスとなっています。

　pickleを使用してデータを保存するには、「`pickle`」パッケージの「`dump`」関数を使用します。「`dump`」関数には、保存するデータとファイル、利用するファイル形式のバージョンを指定します。

　バージョンには最新版を表す「`pickle.HIGHEST_PROTOCOL`」を指定しておけばほぼ問題ないでしょう。また、ファイルはバイナリファイルとして開いておく必要があります。

```
import pickle
data = ['Hello!',
    {'language': 'Python'},
    {'greets': {'target': ['World', 'System']}}
    ]
with open( 'sample.pickle', 'wb' ) as f:
    pickle.dump( data, f, pickle.HIGHEST_PROTOCOL )
```

　上記のコードを実行すると、「`sample.pickle`」というファイルが作成されます。このファイルを読み込むには、次のように「`pickle`」パッケージの「`load`」関数を使用します。

■ SECTION-017 ■ ファイルの取り扱い

```python
with open( 'sample.pickle', 'rb' ) as f:
  data = pickle.load( f )

print( data[ 0 ] )     # Hello!  と表示される
print( data[ 1 ] )     # {'language': 'Python'}  と表示される
print( data[ 1 ][ 'language' ] )     # Python  と表示される
print( data[ 2 ][ 'greets' ][ 'target' ][ 0 ] )   # World  と表示される
print( data[ 2 ][ 'greets' ][ 'target' ][ 1 ] )   # System  と表示される
```

◆ クラスを保存

pickleによる直列化の優れている点は、モジュールのトップレベルで定義されたものであれば、関数やクラスもファイルに保存することができる点です。

たとえば、次のように独自の「**MyData**」クラスを作成し、「**MyData**」クラスの3つのデータを配列にしてpickleで直列化します。

```python
class MyData:
  def __init__( self, text ):
    self.text = text
  def printText( self ):
    print( self.text )


a = MyData( 'Hello, World' )
b = MyData( 'How are you, System' )
c = MyData( 'Nice to meet you, Python' )

with open( 'sample.pickle', 'wb' ) as f:
  pickle.dump( [ a, b, c ], f, pickle.HIGHEST_PROTOCOL )
```

すると後から、次のようにファイルを読み込んで直接、「**MyData**」クラスを復元することができます。

```python
with open( 'sample.pickle', 'rb' ) as f:
  data = pickle.load( f )

data[0].printText()   # Hello, World  と表示される
data[1].printText()   # How are you, System  と表示される
data[2].printText()   # Nice to meet you, Python  と表示される
```

ただし、別のプログラムからクラスを復元する場合は、同じ「**MyData**」クラスがモジュールのトップレベルであらかじめ定義されていることが必要です。

■ SECTION-017 ■ ファイルの取り扱い

## ◉Pandasによる CSVファイルの操作

Pandasによる表データの取り扱いについては、CHAPTER 03とCHAPTER 04でも解説しましたが、ここではCSVファイルに保存されているデータをPandasで読み込んで使用するための方法について解説します。

### ◆CSVファイルの読み込み

まず、次の内容のCSVファイルが、「sample.csv」という名前で保存されているものとします。

```
id,name,age,value,price
0,Jone,18,1000,20
1,Mike,22,22000,500
2,Bob,12,550,12
3,Tone,32,6000,80
```

このファイルを読み込むには、CSVファイルで保存されたデータを読み込むためには、「pandas」パッケージ内の「read_csv」関数を使用します。

```
import pandas
a = pandas.read_csv( 'sample.csv' )
```

読み込んだデータは、PandasのDataFrame型となるので、CHAPTER 03の83ページで紹介したように、「loc」や「ix」関数を使用して中身を取り出すことができます。また、Jupyter Notebook上で整形して表示することもできます。

```
print( a.loc[0] )
"""
id          0
name     Jone
age        18
value    1000
price      20
Name: 0, dtype: object
と表示される
"""


print( a.ix[1] )
"""
id           1
name      Mike
age         22
value    22000
price      500
Name: 1, dtype: object
と表示される
"""
```

CHAPTER 06

ファイル操作とマルチメディア

179

■ SECTION-017 ■ ファイルの取り扱い

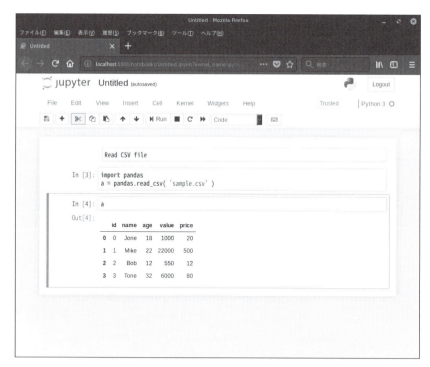

◆ ヘッダーとインデックス

DataFrame型のデータをCSVファイルに保存するには「to_csv」関数を使用します。

```
e.to_csv( 'sample2.csv' )
"""
,name,age
3,Tone,32
という中身のファイルが作成される
"""
```

ここで、DataFrame型には、表の列名と行名を表すヘッダーとインデックスが存在することに注意してください。

何も指定がなく「to_csv」関数でファイルを書き込むと、最初の行がヘッダー、最初の列がインデックスとなります。上記の例ではデータを切り出した後のインデックス(3)がCSVファイルの中に含まれています。

同じように何も指定せず「read_csv」関数でデータを読み込むと、CSVファイルの最初の1行がヘッダーとして扱われますが、インデックスは新たに振られます。そのため、何も指定がなく「to_csv」関数で保存したファイルを「read_csv」関数で読み込み直すと、インデックスの行の分だけ異なるデータが読み込まれます。

たとえば、先ほどの「sample2.csv」ファイルを何も指定せず読み込むと、次のようになります。

■ SECTION-017 ■ ファイルの取り扱い

```
f = pandas.read_csv( 'sample2.csv' )
print( f )
"""
   Unnamed: 0   name   age
0            3   Tone    32
と表示される
"""
```

　上記の例では、もともとインデックスだった行が無視されて、新しくインデックスが作成されています。

　CSVファイル内のヘッダーとなる行を指定するには、「read_csv」関数の引数に「header」を指定します。また、インデックスとなる列を指定するには「index_col」を指定します。

```
g = pandas.read_csv( 'sample2.csv', header=0, index_col=0 )
print( g )
"""
   name   age
3  Tone    32
と表示される
"""
```

　同じく、「to_csv」関数でデータを保存する際にも、引数の「header」と「index」でヘッダーとインデックスを保存するかどうか指定します。ヘッダーおよびインデックスを保存しない場合は、その引数に「False」を指定します。

```
e.to_csv( 'sample3.csv', header=False, index=False )
"""
Tone,32
という中身のファイルが作成される
"""
```

CHAPTER 06

ファイル操作とマルチメディア

181

## SECTION-018

# 画像処理

### ●画像やマルチメディアデータの取り扱い

　画像やマルチメディアデータの取り扱いは、言語としてのPythonではなく、外部パッケージを使って実現される機能のよい実例です。

　画像やマルチメディアデータにはさまざまな仕様・ファイル形式があり、さらにデータを処理するためのアルゴリズムにもさまざまなものがあります。

　そこで、それらを扱う機能は、Pythonの言語そのものとしてではなく、外部のパッケージとして別に用意し、個別に更新・メンテナンスしていく方が都合がいいのです。

　まずこの節では、画像の取り扱いについて解説します。

　また、画像の取り扱いについて、ここでは、Wikimedia Commonsにある以下のURLからダウンロードしたJPEGファイルを「`Akha_cropped_hires.JPG`」という名前で保存してあることを想定します。

　　URL https://upload.wikimedia.org/wikipedia/commons/6/68/
　　　　　　　　　　　　　　　　　　　　　　　Akha_cropped_hires.JPG

●Akha_cropped_hires.JPG

### ●Pillowによる画像の操作

　「`Pillow`」は、Python Imaging Library（PIL）という古くからPythonで使われてきた画像処理ライブラリから派生したライブラリで、現在では最新のPythonに対応しているPillowの方が一般的に使用されています。

　PythonにPillowのパッケージを追加するには、次のようにpipコマンドで「`pillow`」を追加します。

```
$ pip3 install pillow
$ pip install pillow
```

Pillowでは画像に対するさまざまな処理を行うことができます。なお、ここではPillowの一部を紹介するのみなので、Pillowにあるその他の機能について知りたい場合、Pillowのドキュメントを参照してください。

- Pillow — Pillow (PIL Fork) 5.3.0 documentation
  URL https://pillow.readthedocs.io/

◆ 画像の読み込みと保存

Pillowを使用する際に必須となるのは、「PIL」パッケージにある「Image」モジュールです。画像を扱う基本となる関数は、「Image」モジュール内に存在するので、まずは次のように「Image」モジュールをインポートします。

```
from PIL import Image
```

ファイルから画像を読み込むには「Image」モジュールの「open」関数を使用します。

Pillowでは画像を表すクラスをデータ型として使用するので、「open」関数の戻り値はPillowのクラスとなります。

また、画像を保存するには、そのクラスの「save」関数を使用します。保存する画像のファイル形式は、ファイル名の拡張子から自動的に判断されます。

```
a = Image.open( 'Akha_cropped_hires.JPG' )   # 画像を読み込む
print( type( a ) )          # <class 'PIL.JpegImagePlugin.JpegImageFile'>  と表示される
a.save( 'piltest.png' )     # 画像を保存する
```

読み込んだ画像のサイズやメタ情報は、クラス内の「size」や「info」から取得することができます。「size」はタプル、「info」はディクショナリで、それぞれ画像のサイズと、ファイルから読み込んだメタ情報が保持されています。

```
print( a.size[ 0 ] )    # 331  と表示される(幅)
print( a.size[ 1 ] )    # 554  と表示される(高さ)
print( a.info )         # 画像の情報を表示
"""
{'jfif': 257, 'jfif_version': (1, 1), 'dpi': (98, 98), 'jfif_unit': 1, 'jfif_density': (98, 98)}
と表示される
"""
```

Pillowのクラスは、次のようにNumpyのndarray型へと変換することができます。また、「Image」モジュールの「fromarray」関数を使用することで、Numpyのndarray型からPillowの画像に変換することもできます。

```
import numpy
b = numpy.array( a )        # numpyのndarray型に変換する
c = Image.fromarray( b )    # numpyのndarray型から画像にする
```

■ SECTION-018 ■ 画像処理

　圧縮していないピクセルデータであればNumpyのndarray型を使用すればよいですが、JPEGなどで圧縮されたデータを、ファイルからではなくバイト列から直接、読み込むには、「io」モジュールの「BytesIO」関数を使用します。

　「BytesIO」関数はバイト列を、ファイルのように扱えるオブジェクトへと変換します。

　次の例では、URLからダウンロードしたJPEG画像を直接、Pillowの画像へと変換しています。

```
from urllib import request
import io
with request.urlopen(
    'https://upload.wikimedia.org/wikipedia/commons/6/68/Akha_cropped_hires.JPG'
    ) as response:                          # URLを開く
    buffer = response.read()                # ダウンロードしてバイト列にする
    d = Image.open( io.BytesIO( buffer ) )  # バイト列から画像を読み込む
```

◆カラーモードの変換

　画像のカラーモードを変換するには、「convert」関数を使用します。たとえば、先ほど読み込んだ画像をグレースケール画像へと変換するには、次のようにします。

```
e = a.convert( 'L' )     # グレースケール化する
e.save( 'pilmonotone.png' )
```

◉pilmonotone.png

　「convert」関数の引数は文字列で、次ページの表の種類を指定できます。

## SECTION-018 画像処理

| 値 | 説明 |
| --- | --- |
| 1 | 白黒の二値画像 |
| L | グレースケール画像 |
| LA | 透明度(アルファ)+グレースケール画像 |
| RGB | 通常のカラー画像 |
| RGBA | 透明度(アルファ)+通常のカラー画像 |
| CMYK | CMYKカラーモード |
| YCbCr | YCbCrカラーモード |
| HSV | HSVカラーモード |
| P | パレットモード |

また、「split」関数を使用すると、画像内の各チャンネルを分割することができます。

「split」関数で分割された画像は、それぞれ1チャンネルの(したがってグレースケールの)画像となります。

```
f, g, h = a.split()                    # R,G,B各チャンネルからなる画像3枚を作成
i, j, k = a.convert( 'HSV' ).split()   # H,S,V各チャンネルからなる画像3枚を作成
j.save( 'pilsaturation.png' )          # 彩度のみからなる画像を保存
```

●pilsaturation.png

### ◆ 画像の反転と回転

その他にも、画像の回転を行う「rotate」関数も用意されています。「rotate」関数の引数は回転角度で、オプションで「expand」引数を指定すると、回転によって画像を拡大するかどうかを指定できます。

```
l = a.rotate( 45 )                     # 45度回転
l.save( 'pilrotate.png' )              # 回転した画像を保存
m = a.rotate( 45, expand=True )        # 45度回転
m.save( 'pilexrotate.png' )            # 回転した画像を保存
```

■ SECTION-018 ■ 画像処理

◉pilrotate.png

◉pilexrotate.png

　回転ではなく反転を行うには、「ImageOps」モジュールの「flip」または「mirror」関数を使用します。

```
from PIL import ImageOps
n = ImageOps.flip( a )      # 上下反転
n.save( 'pilflip.png' )     # 上下反転した画像を保存
```

```
o = ImageOps.mirror( a )      # 左右反転
o.save( 'pilmirror.png' )     # 左右反転した画像を保存
```

●pilflip.png

●pilmirror.png

「ImageOps」モジュールには他にも、色の反転を行う「invert」関数などが用意されています。

```
p = ImageOps.invert( a )      # 色を反転
p.save( 'pilinvert.png' )     # 色を反転した画像を保存
```

●pilinvert.png

■ SECTION-018 ■ 画像処理

◆ 図形の描写

　画像に対して図形を描写する場合は、「PIL」パッケージの「ImageDraw」モジュールを使用します。

　また、ファイルから読み込むのではなく空の画像をメモリ上に作成するには、「Image」モジュールの「new」関数を使用します。

　「new」関数は画像のカラーモード、画像のサイズ、塗りつぶす色を引数に取ります。サイズと色はタプルで指定します。

　そして、「ImageDraw」モジュールの「Draw」関数はPillowの画像を引数に取り、その画像に対する描写を開始します。

```
from PIL import ImageDraw

# 150×100サイズで背景が灰色の画像を作成
q = Image.new( 'RGB', ( 150, 100 ), ( 192, 192, 192 ) )
# 画像への描写を開始
r = ImageDraw.Draw( q )
```

　上記のコードが実行されると、変数「r」には「Draw」関数の戻り値が入ります。実際の描写は、この「r」にある関数を呼び出すことで実行します。

　描写のための関数としては、線を引く「line」、円や楕円を描写する「ellipse」、矩形を描写する「rectangle」、文字列を描写する「text」などがあります。

　それぞれの関数は、描写する図形の位置を表すタプルを最初の引数に取ります。タプルの内容は、図形の場合（左上のX座標、Y座標、右下のX座標、Y座標）となり、文字列の場合（左上のX座標、Y座標）となります。

　また、引数の「fill」で塗りつぶす色を、「outline」で輪郭線の色を指定します。引数の「width」は、線の太さを指定します。

```
# 線を引く
r.line( ( 5, 4, 95, 4 ), fill=( 255, 64, 0 ), width=1 )
r.line( ( 5, 8, 95, 8 ), fill=( 255, 128, 0 ), width=2 )
r.line( ( 5, 14, 95, 14 ), fill=( 255, 192, 0 ), width=4 )

# 扇状に線を引く
import math
for s in range( 0, 91, 10 ):
    t = s * math.pi / 180
    u = 100 + 45 * math.cos( t )
    v = 4 + 45 * math.sin( t )
    r.line( ( 100, 4, u, v ), fill=( 0, 255, 0 ), width=1 )

# 楕円を描写
r.ellipse( ( 5, 25, 50, 55 ), fill=( 255, 255, 0 ) )
# 輪郭線を付けて楕円を描写
```

```
r.ellipse( ( 5, 65, 50, 85 ), fill=( 255, 0, 0 ), outline=( 0, 0, 0 ) )

# 輪郭線を付けて矩形を描写
r.rectangle( ( 55, 25, 90, 90 ), fill=( 0, 192, 192 ), outline=( 255, 255, 255 ) )

# 文字列を描写
r.text( ( 100, 60 ), 'Hello,' )
r.text( ( 100, 80 ), 'World!', fill=( 0, 0, 0 ) )

# 画像を保存
q.save( 'pildraw.png' )
```

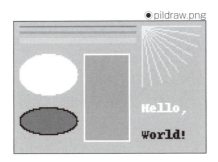

●pildraw.png

## OpenCVによる画像の操作

OpenCVはもともとインテルが開発し、現在ではオープンソースで広く使われている画像処理用ライブラリです。Pythonでも、パッケージとしてOpenCVが用意されており、さまざまな画像処理の機能を利用することができます。

PillowとOpenCVでは、機能的に被っている部分も多いのですが、どちらもよく使われるパッケージなので両方を紹介します。なお、ここで紹介する機能は、PillowとOpenCVでできるだけ被らないように選択したので、片方でできるがもう片方では不可能というわけではありません。

PythonにOpenCVのパッケージを追加するには、次のようにpipコマンドで「opencv_python」を追加します。ユーザーの権限で作成できないファイルがあるとエラーが出るときには、「sudo」コマンドを追加してrootユーザーで「opencv_python」をインストールします。

```
$ pip3 install opencv_python
$ pip install opencv_python
```

UbuntuなどのLinx系のOS上でエラーが発生する際は、次のように「apt」コマンドで「python3-opencv」または「python-opencv」を直接、インストールすることもできます。

```
$ sudo apt install python3-opencv
$ sudo apt install python-opencv
```

■ SECTION-018 ■ 画像処理

なお、関数の引数で与えられるパラメータの意味など、画像処理アルゴリズムについてはここでは解説しません。そのため、さらなる情報が必要な場合は、下記のOpenCVのサイトを参照してください。

- OpenCV library
  **URL** https://opencv.org/

◆ 画像の読み込みと保存

まず、OpenCVによる画像の読み込みと保存について解説します。

OpenCVではPillowとは異なり、画像を表す特別なデータ型は用意されていません。その代わりに、Numpyのndarray型に、画像の画素データを直接保存したものを、画像として使用します。

そのため、Numpyのデータに変換できるならばどのような方法で画像データを用意してもよいのですが、OpenCVで用意されている関数を使用してファイルから画像を読み込むには、次のように「cv2」パッケージ内の「imread」関数を使用します。

「imread」関数で読み込んだデータはNumpyのndarray型なので、「shape」から画像のサイズを取得できます。取得できるサイズはタプルで（高さ、幅、色数）となっており、高さの位置が最初なことに注意してください。

```
import cv2
a = cv2.imread( 'Akha_cropped_hires.JPG' )    # 画像を読み込む
print( type( a ) )      # <class 'numpy.ndarray'> と表示される
print( a.shape )    # (554, 331, 3) と表示される
```

画像データはndarray型なので、次のようにスライスを指定して、画像の一部分のみを切り出すことができます。指定するスライスは、「[ Y位置 , X位置 ]」の順で、「:」（コロン）で切り出す開始と終了位置の座標を指定します。

そして、画像を保存するには「imwrite」関数を使用します。「imread」関数と「imwrite」関数で使用できるフォーマットは、システムに存在するライブラリにも依存しますが、PNG、JPEG、PBM、PGM、PPM、TIFFなどが利用できます。

```
b = a[ 70:150, 100:200 ]
cv2.imwrite( 'cvtest.png', b )
```

● cvtest.png

さらに、次のようにndarray型で作成したデータを直接画像とすることもできます。次の例では3×3のサイズで画像を作成し、それぞれの画素には、色データとして黒(0,0,0)と白(255,255,255)が含まれています。色の並びはBGRとなっているので注意してください。

```
import numpy
c = numpy.array( [ [ [0,0,0], [255,255,255], [0,0,0] ],
    [ [255,255,255], [0,0,0], [255,255,255] ],
    [ [0,0,0], [255,255,255], [0,0,0] ] ],
    dtype=numpy.uint8 )
cv2.imwrite( 'cvtest2.png', c )
```

●cvtest2.png

OpenCVで画像のリサイズを行うには、「cv2」パッケージ内の「resize」関数を使用します。「resize」関数には、リサイズの際にピクセル間を補完するための関数として、下表のいずれかを指定できます。

| 関数 | 説明 |
| --- | --- |
| INTER_NEAREST | 再近傍（補完しない） |
| INTER_AREA | 範囲内から補完（縮小時に使用） |
| INTER_LINER | バイリニア法での補間（デフォルト） |
| INTER_CUBIC | バイキュービック法での補完 |
| INTER_LANCZOS4 | ランチョス法での補完 |

たとえば、先ほど3×3のサイズで作成した画像を、100×100のサイズに、バイキュービック法でリサイズするには、次のようにします。「imwrite」関数で保存する際に引数として、「IMWRITE_PNG_COMPRESSION」（PNGの場合）または「IMWRITE_JPEG_QUALITY」（JPEGの場合）と圧縮率の値を含むリストを指定することができます。圧縮率の値はPNGの場合は0から9（大きいほどファイルサイズが小さい）、JPEGの場合は0から100（大きいほど高品質＝ファイルサイズが大きい）となります。

```
d = cv2.resize( c, ( 100, 100 ), interpolation=cv2.INTER_CUBIC )
cv2.imwrite( 'cvtest3.png', d,
    [ cv2.IMWRITE_PNG_COMPRESSION, 9 ] )
```

●cvtest3.png

## SECTION-018 画像処理

◆ フィルタリング

OpenCVの便利な機能として、簡単な関数の形で実装されている、さまざまな画像処理のアルゴリズムがあります。

たとえば、ノイズ除去のための代表的なフィルタリングアルゴリズムについては、次のように「medianBlur」(メディアンフィルタ)、「bilateralFilter」(バイラテラルフィルタ)、「fastNlMeansDenoisingColored」(ノンローカルミーンフィルタ)関数などが実装されています。

これらの関数を使用するには、元の画像と、アルゴリズムに必要となるパラメータを指定してそれぞれの関数を呼び出します。

フィルタリング処理ではカーネルという、ピクセルに対する処理の範囲を定義し、その範囲内に対してアルゴリズムを適用します。「medianBlur」と「bilateralFilter」関数ではカーネルの範囲の大きさを引数に取ります。また、「bilateralFilter」関数では色空間と座標空間における正規分布の閾値も指定します。

```
e = a[ 70:150, 100:200 ]           # 部分画像を取得

f = cv2.medianBlur( e, ksize=5 )           # メディアンフィルタ
cv2.imwrite( 'cvmedian.png', f )

g = cv2.bilateralFilter( f, 5, 32, 32 )    # バイラテラルフィルタ
cv2.imwrite( 'cvbilateral.png', g )

h = cv2.fastNlMeansDenoisingColored( f )   # ノンローカルミーンフィルタ
cv2.imwrite( 'cvnonlocalmean.png', h )
```

●cvmedian.png　　●cvbilateral.png　　●cvnonlocalmean.png

次のように「filter2D」関数を使用すると、直接、カーネルを指定して画像にフィルタリング処理を行うこともできます。「filter2D」関数の2番目以降の引数は、カーネル内の対象ピクセルの位置とカーネルになるndarray型で、-1はカーネルの中心を表します。

```
i = numpy.array( [ [ 1/9, 1/9, 1/9 ],
  [ 1/9, 1/9, 1/9 ],
  [ 1/9, 1/9, 1/9 ] ] )        # 3x3の平均化カーネル
j = cv2.filter2D( e, -1, i )    # カーネルによるフィルタ処理
cv2.imwrite( 'cvkernel.png', j )
```

●cvkernel.png

## ◆グレースケールと二値化

画像を、白から黒までの階調表現にすることをグレースケール化、2色の画像に変換することを画像の二値化と呼びます。

OpenCVの画像はNumpyのデータなので、単純に「mean( axis=2 )」などとしてそれぞれの画素における赤緑青の平均値を取れば、グレースケール画像にはなりますが、正しい輝度計算を行ってグレースケール化するには、「cv2」パッケージの「cvtColor」関数を「COLOR_RGB2GRAY」を指定して呼び出します。

```
k = cv2.cvtColor( a[ 70:150, 100:200 ], cv2.COLOR_RGB2GRAY )     # グレースケール画像を取得
```

また、一旦、グレースケール化された画像を作成した後、その画像を二値化するには、「threshold」関数を使用します。

「threshold」関数には、引数として閾値の値と最大値、変換方法を指定します。変換方法としてTHRESH_BINARYを指定すると、単純に閾値をもとにした二値化画像が作成されます。

また、変換方法にTHRESH_OTSUを加えると、大津メソッドによる二値化画像が生成されます。「threshold」関数の戻り値は、使用した閾値と、生成された画像の2つになります。

```
l, m = cv2.threshold(k, 127, 255,
    cv2.THRESH_BINARY )     # 閾値を指定して二値化
cv2.imwrite( 'cvthreshold.png', m )

n, o = cv2.threshold(k, 0, 255,
    cv2.THRESH_BINARY + cv2.THRESH_OTSU )     # 大津メソッドで二値化
print( n )                                    # 101.0  と表示される（求められた閾値）
cv2.imwrite( 'cvotsu.png', o )
```

●cvthreshold.png

●cvotsu.png

「threshold」関数では固定の閾値で画像を二値化しますが、適応的閾値を使用するには「adaptiveThreshold」関数を使用します。閾値の適応関数には「ADAPTIVE_THRESH_GAUSSIAN_C」(ガウシアンによる相関)か「ADAPTIVE_THRESH_MEAN_C」(ブロック内の平均)のどちらかを指定し、その後に画像の変換方法、計算を行うブロックのサイズと結果から引かれる定数を指定します。

```
p = cv2.adaptiveThreshold( k, 255,
    cv2.ADAPTIVE_THRESH_GAUSSIAN_C,
    cv2.THRESH_BINARY, 11, 2 )      # 適応的閾値で二値化
cv2.imwrite( 'cvadaptive.png', p )
```

●cvadaptive.png

◆ 減色処理

一般的に、たくさんの値からなるデータをいくつかの領域に分割することをセグメンテーションと呼びますが、セグメンテーションアルゴリズムの1つに、**Mean-Shift法**があります。Mean-Shift法は特定の半径に含まれる、近傍点の平均値を取ることで、データをいくつかの部分領域へと分割します。

OpenCVではMean-Shift法を画像処理へと応用したものとして、「pyrMeanShiftFiltering」関数が実装されています。「pyrMeanShiftFiltering」関数は、画像の領域だけではなく、色空間に対してもMean-Shift法によるセグメンテーションを行います。

「pyrMeanShiftFiltering」関数は、最初の引数に画像を取り、2つ目と3つ目の引数には平坦化する領域の、画像内での半径と色空間内での半径を指定します。

「pyrMeanShiftFiltering」関数で画像をセグメンテーション化すると、減色と画像を領域分割して塗りつぶす処理が同時に行われ、次のようにアニメ塗り調の画像が生成されます。

```
q = a[ 70:150, 100:200 ]        # 部分画像を取得
r = cv2.pyrMeanShiftFiltering( q, 5, 32 )
cv2.imwrite( 'cvmeanshift.png', r )
```

●cvmeanshift.png

他にも画像の減色を行うアルゴリズムはいくつかありますが、OpenCVでは画像処理用に、**K-Means法**というアルゴリズムを実装しています。K-Means法は、データをK個の部分へと分割（クラスタリング）するアルゴリズムで、画像処理においては、使用されている色を分割することで、減色処理に利用できます。

OpenCVでのK-Means法は「`cv2`」パッケージの「`kmeans`」関数で実装されています。

「`kmeans`」関数の利用方法はやや複雑なので、コードをもとに順を追って解説します。

まず、K-Means法のためにすべての色を1列に並べたデータを作成します。OpenCVの画像はNumpyのndarray型なので「`reshape`」関数で次元数を変更して、3色からなるすべての画素を1列に並べたデータを作成し、「`astype`」で浮動小数点型のデータにします。

「`reshape`」関数は、タプルとして与えられた次元数へと、ndarray型のデータを変換(-1は残りのデータすべてが収まる大きさ)するNumpyの関数です。したがって、80×100×3次元のndarray型「q」に、次のコードを実行すると、「s」は8000×3次元のndarray型となります。

```
s = q.reshape( ( -1, 3 ) ).astype( numpy.float32 )    # 画素を1列に並べる
```

次に「`kmeans`」関数を呼び出しますが、K-Means法は終了条件として最大繰り返し回数か、目的の精度に達するまで処理を繰り返すので、その終了条件を指定します。

終了条件は「`kmeans`」関数の4番目の引数に、タプルとして渡します。最大繰り返し回数と精度の両方を終了条件として、繰り返し数10回、精度1.0まで処理する指定は次のコードのようになります。

その他の「`kmeans`」関数の引数は、K-Means法のアルゴリズムについて解説しなければならなくなるので、説明を省略します。

```
"""
画素を量子化する
2番目の引数8は新しい色数、繰り返し数10回、精度1.0まで実行
"""
t, label, center=cv2.kmeans( s, 8, None,
  (cv2.TERM_CRITERIA_MAX_ITER + cv2.TERM_CRITERIA_EPS, 10, 1.0),
  10, cv2.KMEANS_RANDOM_CENTERS )
```

「`kmeans`」関数の戻り値は、関数が成功したかを表す値、K-Means法が生成するラベル、そして入力データに振られたラベルへのインデックスとなります。この場合、ラベルは生成された色で、色数分のデータとなります。

入力データは画像中の色を1列に並べたものなので、インデックスの位置にあるラベルを並べると、減色後の画像の画素を1列に並べたデータが得られます。

最後にその色の並びを元の形に戻し、データ型をuint8へ変換すると、減色処理が完了します。

```
"""
centerは新しい色、labelは新しい色へのインデックス
label[ :, 0 ]で新しい色へのインデックスの値を取得し、centerから色の並びを取得
"""
u = center[ label[ :, 0 ] ]
"""
色の並びを元の画像の形に戻してunit8型にすると減色処理が完了
"""
v = u.reshape( q.shape ).astype( numpy.uint8 )
cv2.imwrite( 'cvkmeans.png', v )
```

以上のコードを実行すると、フルカラーから8色に減色された画像が作成されます。

◎cvkmeans.png

◆ 輪郭線抽出

さらに、OpenCVでは画像の輪郭線を抽出するアルゴリズムも実装されています。ここでは代表的なものとして、**Sobel法**、**Laplacian法**、**Canny法**の3つのアルゴリズムの使用方法を紹介します。

それぞれのアルゴリズムは、「cv2」パッケージの「Sobel」「Laplacian」「Canny」関数で実装されています。

これらの関数は、グレースケール化された画像を引数に取り、輪郭線が描かれた画像を返します。「Sobel」「Laplacian」ではグレースケールの画像が返され、「Canny」では白黒二色からなる画像が返されます。

グレースケール化された画像については、先ほどは「cvtColor」関数を使用して変換しましたが、ここでは「imread」関数で直接、グレースケール化された画像を読み込むことにします。「imread」関数は2番目の引数でカラーモードを指定でき、0を指定するとグレースケール画像、1はデフォルトでカラー画像、-1はアルファチャンネルを無視したカラー画像で読み込みを行います。

```
w = cv2.imread( 'cvtest.png', 0 )    # グレースケールで画像を読み込む
```

「Sobel」「Laplacian」法は、「filter2D」関数についての解説で登場したのと同じようなカーネルによるフィルタを使用します。使用するカーネルの大きさは「ksize」引数で指定します。また、計算の際の精度も指定できます。通常は32ビット浮動小数点を表す「CV_32F」を指定すれば十分でしょう。速度やさらなる精度が必要な場合は「CV_8U」や「CV_64F」なども指定することができます。

さらにSobel法では、輪郭線を抽出する際のフィルタの向きも指定できます。3つ目と4つ目の引数がX方向とY方向のフィルタの移動量を表すので、カーネルサイズが3の場合、3つ目と4つ目の引数に1,0を指定するならば横方向、0,1ならば縦方向、1,1ならば斜め方向の指定となります。

また、Canny法では前段階でSobel法を使用しますが、そのカーネルサイズは引数の「`aperture_size`」で指定します。「Canny」関数の2つ目と3つ目の引数は閾値処理に使うヒステリシスの最小値と最大値です。

```
x = cv2.Sobel( w, cv2.CV_32F, 1, 0, ksize=3 )
cv2.imwrite( 'cvsobel.png', x )

y = cv2.Laplacian( w, cv2.CV_32F, ksize=3 )
cv2.imwrite( 'cvlaplacian.png', y )

z = cv2.Canny( w, 100, 200, aperture_size=3 )
cv2.imwrite( 'cvcanny.png', z )
```

●cvsobel.png　　　　　●cvlaplacian.png　　　　　●cvcanny.png

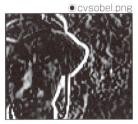

OpenCVのその他の機能については、下記の、OpenCVチュートリアルやその日本語翻訳ドキュメントが参考になるので、興味のある読者は参照してみてください。

- Welcome to OpenCV-Python Tutorials's documentation!
  — OpenCV-Python Tutorials 1 documentation
  URL　https://opencv-python-tutroals.readthedocs.io/

- OpenCV-Pythonチュートリアル — OpenCV-Python Tutorials 1 documentation
  URL　http://labs.eecs.tottori-u.ac.jp/sd/Member/oyamada/OpenCV/html/py_tutorials/py_tutorials.html

## SECTION-019
# 動画の操作

### 動画ファイルの操作

コンピュータで扱うマルチメディアデータとして、最も代表的なものが動画でしょう。

動画データには、映像と音声の2種類のデータが含まれており、しかもデータの圧縮形式やコンテナ形式にさまざまな種類があるため、専用の外部パッケージや外部プログラムを使用することが一般的です。

ここでは、フリーの動画操作ソフトとしてよく使われるffmpegと、そのPythonへのインターフェイスAPIであるffmpeg-pythonを使用して、動画データを扱います。

なお、動画の取り扱いについて、ここでは、Wikimedia Commonsにある次のURLからダウンロードした動画ファイルを「`Dancing_of_Zaza.ogv`」という名前で保存してあることを想定します。

URL https://upload.wikimedia.org/wikipedia/commons/2/27/
Dancing_of_Zaza.ogv

ブラウザの種類によって少々操作方法が異なりますが、上記のURLを開いて動画を右クリックし、「別名で動画を保存」を選択すると動画を保存できます。

◆ ffmpeg-pythonの導入

ここでは、Pythonで使用できる「`ffmpeg-python`」を使用しますが、このパッケージの動作には、外部プログラムとして動作する「`ffmpeg`」が必要となります。

そこでまずは、「`ffmpeg`」のプログラムをインストールします。「`ffmpeg`」は次のURLから入手することができます。

● Download FFmpeg

URL　https://ffmpeg.org/download.html

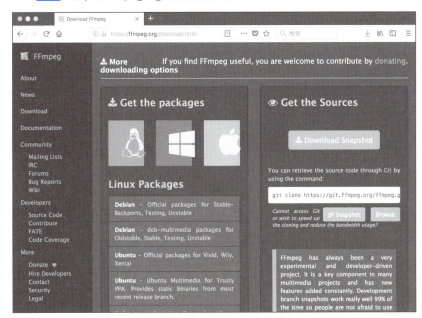

中段にある「`Get the packages`」から、使用するプラットフォームのアイコンを選択し、表示されるリンクから最新のパッケージをダウンロードします。

ダウンロードしたファイルを解凍すると、「`bin`」ディレクトリ内に「`ffmpeg`」のプログラムが作成されます。

必要となるのは、「`ffmpeg`」「`ffplay`」「`ffprobe`」の3つのファイル（Windowsの場合は「`ffmpeg.exe`」「`ffplay.exe`」「`ffprobe.exe`」）なので、それらをパスの通っているディレクトリに移動します。

```
$ sudo mv bin/ffmpeg bin/ffplay bin/ffprobe /usr/local/bin/
```

「`ffmpeg`」のプログラムを用意したら、次のように「`ffmpeg-python`」をPythonのパッケージに追加します。

```
$ pip3 install ffmpeg-python
$ pip install ffmpeg-python
```

## ◆ 動画の切り出し

「ffmpeg-python」を使うには、「ffmpeg」パッケージをインポートします。

「ffmpeg-python」は、基本的には入力となるデータと、出力となるデータを指定して、「ffmpeg」パッケージの「run」関数を実行する流れで動作します。

入力データは「ffmpeg」パッケージの「input」関数、出力データは「ffmpeg」パッケージの「output」関数で作成し、その関数にデータに対する処理を引数で指定します。引数の種類と意味は、「ffmpeg」プログラムに準じます。

たとえば、「Dancing_of_Zaza.ogv」ファイルから動画を読み込み、その20秒目の位置から5秒間のデータを切り出して保存するコードは、次のようになります。

なお、「ffmpeg-python」は出力ファイルを上書きしないので、「run」関数の前にファイルのチェックを行い、ファイルが存在する場合は削除します。ファイルのチェック「os」パッケージの「path」モジュールにある「isfile」関数を、ファイルの削除は「os」パッケージの「remove」関数を利用できます。

```python
import ffmpeg
import os

a = ffmpeg.input( 'Dancing_of_Zaza.ogv' )              # 入力

if os.path.isfile( 'movie_test.mov' ):
  os.remove( 'movie_test.mov' )                        # ファイルがある場合は削除

b = ffmpeg.output( a, 'movie_test.mov', t=5, ss=20 )   # 出力

ffmpeg.run( b, cmd='/usr/local/bin/ffmpeg' )           # 実行
```

上記の例では「ffmpeg」パッケージの「input」関数にはファイル名を、「output」関数にはファイル名と、「ss=20」で切り出す開始位置、「t=5」で切り出す長さを秒数で指定しています。

最後に「run」関数で「ffmpeg」プログラムを実行しますが、「cmd」引数で「ffmpeg」プログラムの位置を指定することもできます(パスが正常に通っている場合は「cmd」引数は省略可能です)。

## ◆ 動画から音声を取り出す

また、同じように動画ファイルから音声トラックだけを取り出して、音声ファイルに保存してみます。

それには次のように、「output」関数に引数の「map」を指定します。「map」で指定するのは出力するトラックの情報で、0番目のストリームにある1番目のトラックとして「0:1」としています。トラックの番号は通常、0が映像、1が音声なので、「0:0」とすると映像だけのファイルが、「0:1」とすると音声だけのファイルが作成されます。

```python
c = ffmpeg.input( 'movie_test.mov' )         # 入力
```

■ SECTION-019 ■ 動画の操作

```
if os.path.isfile( 'sound_test.mp4' ):
  os.remove( 'sound_test.mp4' )              # ファイルがある場合は削除

d = ffmpeg.output( c, 'sound_test.mp4', map='0:1' )   # 出力

ffmpeg.run( d, cmd='/usr/local/bin/ffmpeg' )      # 実行
```

◆ 動画を画像にする

　次に、動画の内容を編集するために、動画の映像をすべて、画像として取り出してみます。

　まずは先ほどと同じように「input」関数で入力ファイルを指定し、出力先となるディレクトリの用意をします。

　ここでは、動画の映像にあるすべてのフレームを取り出すので、「movie_files」というディレクトリを作成し、その中に連番で画像を作成します。

　ディレクトリのチェック「os」パッケージの「path」モジュールにある「isdir」関数を、ディレクトリの削除は「shutil」パッケージの「rmtree」関数を利用できます。

```
e = ffmpeg.input( 'movie_test.mov' )     # 入力

import shutil
if os.path.isdir( 'movie_files' ):
  shutil.rmtree( 'movie_files' )         # ディレクトリがある場合は削除
os.mkdir( 'movie_files' )                # 保存先ディレクトリの用意

f = ffmpeg.output( e, 'movie_files/%d.jpg', r=30 ,f='image2' )   # 出力

ffmpeg.run( f, cmd='/usr/local/bin/ffmpeg' )            # 実行
```

　「output」関数の引数は、入力データと出力するファイル名ですが、ここではファイル名として数字を付けた連番を使用するので、'movie_files/%d.jpg'と指定しています。ここにある「%d」の部分が、連番の数値へと置換されてファイル名となります。

　また、「r」でフレームレートを、「f」で出力フォーマットを指定します。ここでは30fpsで映像を取り出し、「image2」は画像として保存することを意味します。

　上記のコードを実行すると次のように、映像内のすべてのフレームが、JPEG画像として作成されます。

■ SECTION-019 ■ 動画の操作

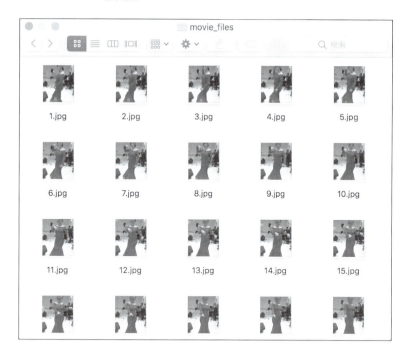

## 動画から顔認識を行う

　以上で動画ファイルの内容を静止画に変換できたので、これまでに紹介した画像処理のパッケージを利用して、画像の加工を行うことができます。

　ここでは前節で紹介したOpenCVを使用して、動画の顔が映っている部分に加工を行います。

### ◆ OpenCVの顔検出を使う

　ここでは、動画の中から人間の顔が映っている部分を認識して、その部分に編集処理を行います。

　そのためには、まず画像から人間の顔を検出することが必要となりますが、OpenCVでは一般的な物体検出の機能として、**カスケード型分類器**というアルゴリズムが実装されています。

　カスケード型分類器では、検出したい物体に合わせて作成されたモデルを使用することで、画像からさまざまな物体を検出することができます。中でも、人間の顔については、OpenCVが標準で用意しているモデルを使用することができます。

　顔検出のためのモデルは、OpenCVをインストールすればコンピュータ上にコピーされますが、「pip3」や「pip」コマンドでopencv_pythonを導入した場合は、別途ダウンロードする必要があります。人間の顔の、正面から移っているものを検出するためのモデルは、次のURLからダウンロードできます。

- opencv/haarcascade_frontalface_default.xml at master · opencv/opencv · GitHub
  URL https://github.com/opencv/opencv/blob/master/data/haarcascades/haarcascade_frontalface_default.xml

■ SECTION-019 ■ 動画の操作

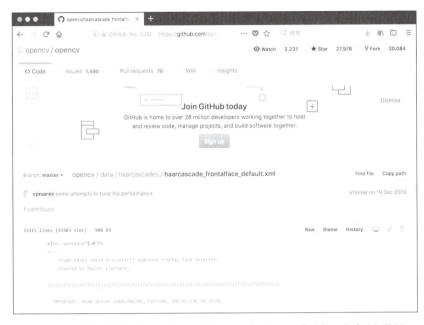

　前ページのURLを開き、「Raw」ボタンのリンクから右クリックし「別名で保存」を選択し、XMLファイルをディスク上に保存します。
　なお、顔検出のためのモデルは他にもいくつか用意されており、横顔の検出には別のモデルが必要になります。
　モデルをダウンロードしたら、Pythonのプログラムから次のように、「cv2」パッケージの「CascadeClassifier」関数で読み込むことで、カスケード型分類器を作成します。

```
import cv2
a = cv2.CascadeClassifier( 'haarcascade_frontalface_default.xml' )
```

　カスケード型分類器を作成したら、次は、先ほど動画から画像ファイルを作成した「movie_files」ディレクトリに対して、すべてのJPEG画像を読み込んで顔を検出します。
　ここでは、ディレクトリ内のすべてのファイルを選択するために「glob」パッケージの「glob」関数を使用します。「glob」関数に検索するファイル名を指定し、戻り値内のファイル名をループで回し、「cv2」パッケージの「imread」関数で画像を読み込みます。
　そして、作成したカスケード型分類器の「detectMultiScale」関数で顔の検出を行います。「detectMultiScale」関数の戻り値は、検出された顔の位置のリストなので、すべての顔の位置に対してループを行い、その中では「cv2」パッケージの「circle」関数と「putText」関数で画像の加工を行います。

203

■ SECTION-019 ■ 動画の操作

「circle」関数はOpenCVで円を描写する関数、「putText」関数はOpenCVで文字列を描写する関数です。「circle」関数は、描写先の画像と描写するオブジェクトの位置、半径、色と線の太さ(-1は塗りつぶし)を指定します。また、「putText」関数は描写先の画像と描写する文字列、描写の位置、フォント、フォントの拡大率に色と太さを指定します。

色はBGRの並びなので、次のコードは、検出した顔の位置に黄色い円を描き、その中に「^_^」という顔文字を描写するものになります。

```
import glob
for b in glob.glob( 'movie_files/*.jpg' ):
  c = cv2.imread( b )
  d = a.detectMultiScale( c )
  for x, y, w, h in d:
    cv2.circle( c, ( x + w//2, y + h//2 ), w//2, ( 0, 255, 255 ), -1 )    # 円を描写する
    cv2.putText( c, '^_^', ( x, y + h//2 ),
      cv2.FONT_HERSHEY_PLAIN,
      1.5, ( 0, 0, 0 ), 5 )    # 文字列を描写する
  cv2.imwrite( b, c )
```

外側のループの最後で「cv2」パッケージの「imwrite」関数を呼び出し、動画から切り出した画像を上書きして、顔検出と画像の加工は終了です。

◆ 動画を保存する

連番の画像すべてに対して加工処理を行ったので、後はそれらの画像をつなげて動画ファイルへと戻すだけです。

それには再び「ffmpeg-python」の機能を使用しますが、ここでは動画ファイルを作成するために連番の画像だけではなく、音声ファイルも使用します。

ここでは先ほど取り出した音声だけのデータを使用し、元の動画に顔の加工を行った動画を作成します。

連番の画像と音声だけのデータを合成して動画とする処理は難しくはなく、「ffmpeg」パッケージの「input」関数でそれぞれのファイルを指定し、「optput」関数で引数にその両方を指定するだけです。

```
import ffmpeg
e = ffmpeg.input( 'movie_files/%d.jpg', r=30 ,f='image2' )    # 入力
f = ffmpeg.input( 'sound_test.mp4')    # 音声入力

if os.path.isfile( 'movie_face.mov' ):
  os.remove( 'movie_face.mov' )    # ファイルがある場合は削除

g = ffmpeg.output( e, f, 'movie_face.mov' )    # 出力

ffmpeg.run( g, cmd='/usr/local/bin/ffmpeg' )    # 実行
```

204

上記のコードを実行すると「`movie_face.mov`」という名前の動画ファイルが作成されます。このファイルを再生すると、次のように、動画内の顔を検出して、黄色の円と顔文字で上書きされていることがわかります。また、音声も元の動画と同じものが再生されます。

カスケード型分類器の精度の問題により、必ずしもすべてのフレームにおいて顔検出が成功するわけではありません。また、ここで使用したのは正面を向いた顔用のモデルだけなので、横顔の検出はできません。

下記のフレームでは、横顔の検出ができずにいる一方、観客席の顔については正しく検出していることがわかります。

■ SECTION-019 ■ 動画の操作

ファイル操作とマルチメディア

# CHAPTER 07

## オペレーティング
## システムとGUI

## SECTION-020

# コマンドライン引数とOS

### ● コマンドライン引数

コンピュータ上で動作しているプログラムは、プログラマが作成するPythonのプログラムだけではありません。一般的なPCやスマートフォンにおいては、コンピュータを制御する元締めとでもいうべきオペレーティングシステムと、その他のさまざまなアプリケーションプログラムが、同時かつ並列的に動作していることが普通です。また、それらのアプリケーションプログラムについても、一度、プログラムを起動した後は、決められた処理が完了するまで全自動で動き続けるのではなく、GUIなどのインターフェイスを通じてユーザーと対話的に動作するプログラムが一般的です。

もちろん、ビッグデータ解析のように、一度、プログラムを起動した後はアルゴリズムによる処理が完了するまで待つだけのようなプログラムも存在しますが、多くのプログラムはアルゴリズムに基づいて処理を自動実行するだけの存在ではなく、ユーザーからの操作に従って動作する、インタラクティブな道具として存在するのです。

読者の皆さんがPythonでプログラムを作成する目的はさまざまでしょうが、そのようなプログラムの作成方法について解説しないままでは、Pythonプログラミングの世界をすべて紹介しているとはいえないでしょう。

そこでこの章では、ユーザーとのインターフェイスになるコマンドライン引数やGUIについてと、オペレーティングシステムの機能とプログラムの並列化に関する機能を紹介していきます。

### ◆ コマンドライン引数を取得する

CHAPTER 01で解説したように、Pythonプログラムは対話的な環境で動作させることも、ファイルに保存した上でコマンドラインからプログラムを起動することもできます。

コマンドライン上からプログラムを起動する際には、プログラムの動作を指示するためのオプションとして、コマンドライン引数を指定します。Pythonプログラムのコマンドライン引数は、「sys」モジュールの「argv」に、文字列型のリストとして保存されています。

試しに次のプログラムを、「test.py」として保存して実行してみましょう。

```
import sys
print( sys.argv )
```

コマンドライン引数の最初の値は、プログラムのスクリプトファイルの名前になります。ファイル名がフルパスかどうかは実行するOSによって異なります。たとえば、何もコマンドライン引数を与えずに「test.py」を実行すると、「argv」の内容は次のようになります。

```
$ python3 test.py
['test.py']
```

■ SECTION-020 ■ コマンドライン引数とOS

また、同じプログラムを、「hello」「world」と2つのコマンドライン引数を与えて実行すると、「argv」の内容は次のようになります。

```
$ python3 test.py hello world
['test.py', 'hello', 'world']
```

◆ ファイルを直接、実行する

Pythonプログラムを実行するための方法は、「python3」コマンドのコマンドライン引数にスクリプトファイルを指定する以外にも存在します。

たとえば、次のように、ファイルの最初の行に「python3」コマンドを指定して、ファイルの実行権限を付けることで、ファイルを直接、呼び出すことができるようになります。

```
#!/usr/bin/python3
import sys
print( sys.argv )
```

上記のファイルに実行権限を付けて呼び出すには、次のようにします。この場合も、コマンドライン引数の最初には呼び出したファイルの名前そのものが入ります。

```
$ chmod +x test.py
$ ./test.py
['./test.py']
```

また、上記のプログラムに「hello」「world」と2つのコマンドライン引数を与えて実行する場合、「argv」の内容は次のようになります。

```
$ ./test.py hello world
['./test.py', 'hello', 'world']
```

◆ コマンドからプログラムを指定する

さらに、「python3」コマンドに対して「-c」オプションを付けて、コマンドライン引数にPythonプログラムの内容を直接、渡すこともできます。その場合、プログラム中から見るコマンドライン引数の最初は「-c」となります。

```
$ python3 -c 'import sys; print(sys.argv)'
['-c']
```

「-c」オプションと、Pythonプログラムに対するコマンドライン引数とを両方指定するには、次のように「python3」コマンドに対してコマンドライン引数を与えます。

```
$ python3 -c 'import sys; print(sys.argv)' hello world
['-c', 'hello', 'world']
```

■ SECTION-020 ■ コマンドライン引数とOS

◆ 標準形式でコマンドライン引数を定義する

　LinuxなどのUnix系のOSでは、プログラムのコマンドライン引数には共通の書式が存在しています。その書式は、「-c」のようにハイフンから始まるオプションで引数の意味を指定し、必要であればその後ろにオプションの情報となる文字列を渡す、「-h」はすべてのコマンドライン引数を例示するヘルプを表示する、などというものです。

　Pythonでは、そうした標準的な書式のコマンドライン引数を扱うために、「argparse」モジュールが用意されています。

　ここでは「argparse」モジュールの機能を利用することで、Unix系のOSで使われる書式のコマンドライン引数を簡単に扱う手法について解説します。

　まず、「argparse」モジュールをインポートして、「ArgumentParser」クラスのインスタンスを作成します。「ArgumentParser」クラスを作成する際に引数「description」を指定すると、指定した文字列がプログラムの説明文として扱われます。

```
import argparse
parser = argparse.ArgumentParser( description='Argument Test' )
```

　プログラムのコマンドライン引数を定義するには、作成した「ArgumentParser」クラスの「add_argument」関数を呼び出します。

　「add_argument」関数には、コマンドライン引数の長い名前、短い名前と、必要であればデフォルトの値やヘルプで表示するメッセージなどを指定します。

```
parser.add_argument( '--message', '-m', default='hello', help='Message String' )
```

　「add_argument」関数で指定できる引数には他にも種類があり、たとえば、「type」引数にはコマンドライン引数で指定可能な値の種類を、「action」引数にはコマンドライン引数にその引数が存在したときの動作を指定します。

　「action」引数に「store_true」を指定すれば、そのコマンドライン引数が存在したときにTrueとなる値、という意味になります。逆にコマンドライン引数が存在したときにFalseになる値は「store_false」、「store_const」ではコマンドライン引数が存在したときに「const」引数の値となります。

```
parser.add_argument( '--num', '-n', type=int, default=1, help='Exclamation Num' )
parser.add_argument( '--flag', '-f', action='store_true', help='To Uppercase' )
```

◆ 定義したコマンドライン引数を使う

　コマンドライン引数はいくつ用意してもよいですが、「-h」はヘルプを表示するためのオプションなので指定できません。

　コマンドライン引数の定義が完了したら、次のように「ArgumentParser」クラスの「parse_args」関数から、コマンドライン引数で指定された値を取得します。

■ SECTION-020 ■ コマンドライン引数とOS

```
args = parser.parse_args()

message = args.message
num = args.num
flag = args.flag
```

「parse_args」関数の戻り値からは、コマンドライン引数の長い名前で指定したのと同じ名前の変数で、指定されたコマンドライン引数の値を取得できます。

取得できる値の型は、「type」または「action」引数が指定されている場合はその型で、層でない場合は文字列型となります。

ここでは次のように、コマンドライン引数の「--message」で指定された文字列と、「--num」で指定された値の数だけのエクスクラメーションを、「--flag」で大文字に変換するかどうかを指定して、コンソールに表示するようにしました。

```
if flag:
  print( message.upper() + '!' * num )
else:
  print( message + '!' * num )
```

上記の内容をつなげて「test.py」という名前で保存し、そのまま実行すると、次のようにコンソール上に「hello!」と表示されます。これは、「add_argument」関数で指定したデフォルトの値が、「--message」は「hello」、「--num」は1だったため、その値がプログラム中で使用されているためです。

```
$ python3 test.py
hello!
```

今度は「ArgumentParser」クラスが動作していることを確かめるために、「test.py」に「-h」オプションを付けて実行してみます。すると次のように、プログラムの説明を表すヘルプが表示されました。ヘルプで表示されている文言はすべて、「ArgumentParser」クラスに指定したものとなっていることを確認してください。

```
$ python3 test.py  -h
usage: test.py [-h] [--message MESSAGE] [--num NUM] [--flag]

Argument Test

optional arguments:
  -h, --help           show this help message and exit
  --message MESSAGE, -m MESSAGE
                       Message String
  --num NUM, -n NUM    Exclamation Num
  --flag, -f           To Uppercase
```

CHAPTER 07 オペレーティングシステムとGUI

211

■ SECTION-020 ■ コマンドライン引数とOS

次に、実際にコマンドライン引数を与えて、正しくプログラムに値を渡せているかを確かめてみます。

コンソールに表示されるメッセージの内容は、「--message」オプションと「--num」オプションで変えることができます。また、それらのオプションは、短く「-m」と「-n」という名前で指定することもできます。短い1文字だけのオプションを使用する場合、間にスペースを入れずにすぐそのオプションの値を指定することもできます。

```
$ python3 test.py -m Nice -n 3
Nice!!!
$ python3 test.py --message Nice --num 4
Nice!!!!
$ python3 test.py -mNice -n5
Nice!!!!!
```

さらに「--flag」または「-f」オプションをコマンドライン引数に指定すると、表示されるメッセージが大文字へと変換されます。これは「--flag」オプションの「action」引数に「store_true」が指定されているからで、「-f」オプションを指定しない場合のデフォルトの値はFalseとなります。

```
$ python3 test.py -m 'how are you' -f
HOW ARE YOU!
```

## OSの機能を使用する

PythonはさまざまなOS上で動作する汎用のプログラミング言語ですが、プログラムが実行されているOSの機能にアクセスするためのAPIが用意されています。それらの機能はPython標準の「os」パッケージに用意されており、OSによっては利用できないも場合もありますが、概ね共通の関数を使用してOSの機能を利用することができます。

### ◆ OSの情報を取得する

プログラムからOSの機能へとアクセスする場合には、プログラムの動作しているOSについての情報が必要になる場合があります。

Pythonプログラムから、動作しているOSの種類を取得するには、「os」パッケージの「name」または「sys」パッケージの「platform」を利用します。

「os」パッケージの「name」は、(macOSのDarwinも含む)Unix系のOSならば「posix」、Windows OSならば「nt」という文字列を返します。

「sys」パッケージの「platform」はもう少し詳しい情報を返し、UbuntuなどのLinux OSであれば「linux」、Windows OSであれば「win」、macOSであれば「darwin」で始まる文字列を返します。実際の文字列は、「win32」などのようにバージョン番号が後ろに続くこともあります。また、その他のOSでは「cygwin」「freebsd8」などの値を取ることもあります。

■ SECTION-020 ■ コマンドライン引数とOS

```python
import os
import sys
a = os.name
print( a )      # posix または nt  と表示される
b = sys.platform
print( b )      # OSの種類が表示される
```

　さらに、macOSのDarwinも含むUnix系のOSであれば、「os」パッケージの「uname」関数から、より詳細な情報を取得することもできます。「uname」関数は、Unixの「uname」コマンドの結果をディレクトリとして返します。

```python
c = os.uname()           # Unix交換OSのみ
print( c.sysname )       # Linux  などのOSの名前
print( c.nodename )      # ip-172-31-8-41  などのネットワーク上の名
print( c.release )       # 4.4.0-1069-aws  などのOSのバージョン
print( c.version )       # #79-Ubuntu SMP Mon Sep 24  などの詳細なバージョン
print( c.machine )       # x86_64  などのCPUの名前
```

　その他にも、「os」パッケージには実行中のOSに関する情報を取得できる、さまざまな関数が用意されています。その中の代表的なものとしては、OSのログインユーザー名を取得する「getlogin」関数、コンソールのサイズ（行数と文字数）を取得する「get_terminal_size」関数、プロセスIDを取得する「getpid」関数、親プロセスのプロセスIDを取得する「getppid」関数などがあります。

```python
d = os.getlogin()
print( d )                  # OSのログインユーザー名が表示される
e = os.get_terminal_size()
print( e[0], e[1] )         # コンソールのサイズが表示される
f = os.getpid()
print( f )                  # 実行中のプロセスIDが表示される
g = os.getppid()
print( g )                  # 親プロセスのプロセスIDが表示される
```

◆ 環境変数を取得する

　プログラムから、環境変数を取得するには、「os」パッケージの「getenv」関数を使用します。また、環境変数を変更するには「putenv」関数を使用し、環境変数自体を削除するには「unsetenv」関数を使用します。

　ここで新しく設定した環境変数は、Pythonプログラムから外部のプログラムを起動したり、後述するマルチプロセス処理において別のプロセスを立ち上げたりする場合に、子プロセスへと引き継がれます。

```python
h = os.getenv( 'HOME' )
os.putenv( 'PATH', '/' )
os.unsetenv( 'LD_PATH' )
```

■ SECTION-020 ■ コマンドライン引数とOS

　また、環境変数の値は「os」パッケージの「environ」に、ディレクトリ形式で保持されてもいます。

　Pythonプログラムから「environ」の中の値を直接、変更することは、「putenv」関数や「unsetenv」関数を使用することと同じ意味を持ちます。

```
i = os.environ[ 'HOME' ]
os.environ[ 'PATH' ] = '/'
del os.environ[ 'LD_PATH' ]
```

◆ 外部プログラムを起動する

　Pythonから外部のプログラムを起動する場合は、「os」パッケージの「system」関数が使用できます。「system」関数は、OSにあるシェル上で指定された文字列のコマンドを実行します。

```
os.system( '/bin/echo Hello World!' )    # Hello World!　と表示される
```

　また、C言語における「exec*」関数群も使用できます。これらの関数は、現在実行中のPythonプログラムのプロセスを、指定されたプログラムで単純に置き換えます。つまり、「exec*」関数が実行されるとそれ以降のPythonプログラムは実行されなくなり、代わりに指定されたプログラムのプロセスが実行されます。

　「exec*」関数群は、コマンドライン引数の与え方の形式でいくつかのバリエーションがあります。例として、プログラムの名前とコマンドライン引数のリストを与える場合は「execv」関数を使用します。

```
os.execv( '/bin/echo', [ 'echo', 'Hello', 'World!' ] )    # Hello World!　と表示して終了
```

◆ ディレクトリの扱い

　プログラムが現在、動作している、ディレクトリパスを取得するには「os」パッケージの「getcwd」関数を使用します。

　また、現在のディレクトリを変更するには「chdir」関数を使用します。

```
j = os.getcwd()      # カレントディレクトリを取得
print( j )           # 現在のカレントディレクトリが表示される
os.chdir( '/' )      # カレントディレクトリを変更
k = os.getcwd()
print( k )           # /　と表示される
```

　これまでの解説でも登場しましたが、ディレクトリを作成するには「os」パッケージの「mkdir」関数を使用します。また、深いディレクトリを、サブディレクトリも含めてすべて作成するには、「makedirs」関数を使用します。

```
os.mkdir( 'hello' )
os.makedirs( 'nice/to/meet/you' )
```

■ SECTION-020 ■ コマンドライン引数とOS

　ファイルを削除するには「remove」関数を、ディレクトリを削除するには「rmdir」関数を使用します。深いディレクトリを、サブディレクトリも含めてすべて削除するには「removedirs」関数を使用します。

```
os.remove( 'test' )
os.rmdir( 'hello' )
os.removedirs( 'nice/to/meet/you' )
```

　なお、「mkdir」と「makedirs」、「rmdir」と「removedirs」などと、関数の命名規則が揺らいでいるのは、「mkdir」と「rmdir」の方がC言語の関数名に合わせて命名され、「makedirs」と「removedirs」の方はPythonで新しく作成された関数だからです。

### ◆ 日付と時刻

　プログラムが動作しているコンピュータ上の日付や時刻を扱うためには、Python標準の「datetime」パッケージを使用します。「datetime」パッケージの「date」クラスは日付を扱うためのクラスです。

　「date」クラス型で現在の日付を取得するには、「today」関数を使用します。また、クラスを作成する際に、年、月、日の数値を指定することもできます。

　作成した「date」クラス型からは、「strftime」関数で文字列としての日付を取得することができます。

```
from datetime import date
l = date.today()
m = date( 2018, 12, 2 )
n = m.strftime( '%m/%d/%y. %d %b %Y is a %A' )
print( n )    # 12/02/18. 02 Dec 2018 is a Sunday    と表示される
```

　この「strftime」関数は、「%」でエスケープされた文字を対象の日付や時刻から取得する文字列で置き換えた文字列を返します。「strftime」関数で使用できるエスケープはこの後の解説においても共通なので、一覧を提示しておきます。

| エスケープ文字 | 説明 |
| --- | --- |
| %a | 曜日の名前（Sun、Monなど） |
| %A | 曜日の名前（Sunday、Mondayなど） |
| %w | 曜日の番号（0が日曜で6が土曜） |
| %d | 日付（01〜31） |
| %b | 月の名前（Jan、Febなど） |
| %B | 月の名前（January、Februaryなど） |
| %m | 月（01〜12） |
| %y | 西暦（2桁） |
| %Y | 西暦（4桁） |
| %H | 時（24時間表記） |
| %I | 時（12時間表記） |
| %p | AM または PM |
| %M | 分 |
| %S | 秒 |

CHAPTER 07 オペレーティングシステムとGUI

215

■ SECTION-020 ■ コマンドライン引数とOS

| エスケープ文字 | 説明 |
|---|---|
| %f | マイクロ秒 |
| %z | タイムゾーンのUTCオフセット |
| %Z | タイムゾーンの名前 |
| %j | 年の中の日 |
| %U | 年の中の週番号(週の始まりは日曜日として) |
| %W | 年の中の週番号(週の始まりは月曜日として) |
| %c | 日時を表す文字列 |
| %x | 日付を表す文字列 |
| %X | 時間を表す文字列 |
| %% | 文字 '%' |

日付ではなく時刻を扱う場合、「datetime」パッケージの「time」クラスを使用します。
「time」クラスは次のように、時、分、秒(必要ならマイクロ秒も)を指定して作成できます。

```
from datetime import time
o = time( hour=14, minute=2, second=38 )
p = m.strftime( '%X is %H-%M-%S. it is %I%p' )
print( p )    # 14:02:38 is 14-02-38. it is 02PM  と表示される
```

さらに、日付と時刻を同時に扱う場合、「datetime」パッケージの「datetime」クラスを使用します。「datetime」クラスで現在の日時を取得するには、「today」または「now」関数を使用します。年、月、日、それに時、分、秒(必要ならマイクロ秒も)を指定してクラスを作成できるのも、これまでと同じです。

```
from datetime import datetime
q = datetime.today()
r = datetime.now()
s = datetime( 2018, 12, 2, 14, 2, 38 )
t = s.strftime( '%m/%d/%y %H:%M:%S' )
print( t )    # 12/02/18 14:02:38  と表示される
```

「datetime」クラスでは日付と時刻を扱いますが、時刻についてはタイムゾーンの差が存在します。特にタイムゾーンを指定しない場合、その時刻はコンピュータ上のタイムゾーンのものだと扱われます。

明示的に「datetime」クラスのタイムゾーンを設定するには、「timezone」モジュール内のタイムゾーンを指定して、「replace」関数を呼び出します。

```
from datetime import timezone
u = s.replace( tzinfo=timezone.utc )
v = u.strftime( '%m/%d/%y %H:%M:%S %z %Z' )
print( v )    # 12/02/18 14:02:38 +0000 UTC  と表示される
```

「replace」関数は、「datetime」クラスの内部にあるタイムゾーン情報を更新するだけで、実際の時刻は変更しません。

■ SECTION-020 ■ コマンドライン引数とOS

　タイムゾーンの変更に合わせて時刻も調整したい場合、「astimezone」関数を使用します。また、タイムゾーンを直接、数値から指定するには、「timedelta」クラスとして時差の数値を与えます。

```
from datetime import timedelta
w = u.replace( tzinfo=timezone( timedelta( hours=+9 ) ) )     # タイムゾーンの更新だけ
x = w.strftime( '%m/%d/%y %H:%M:%S %z %Z' )
print( x )     # 12/02/18 14:02:38 +0900 UTC+09:00   と表示される

y = u.astimezone( timezone( timedelta( hours=+9 ) ) )     # タイムゾーンを更新して時刻を変更
z = y.strftime( '%m/%d/%y %H:%M:%S %z %Z' )
print( z )     # 12/02/18 23:02:38 +0900 UTC+09:00   と表示される
```

CHAPTER 07 オペレーティングシステムとGUI

## SECTION-021

# 並列処理

### ▶ マルチプロセス処理

プログラムで大量のデータを処理する場合や、非同期的に動作するプログラムを作成する場合、いくつもの処理を同時に並行して行うと、全体としての効率が良くなる場合があります。

そのような、いくつもの処理を同時に並行して行うことを、プログラムの並列化と呼びますが、Pythonでは、マルチプロセスとマルチスレッドという方法でプログラムの並列化を行うことができます。プログラムの並列化は、大量のデータを処理するような場合や、プログラムの処理とは別にユーザーからの入力を待ちたい場合などに使用されます。

#### ◆ メモリ空間とは

マルチプロセスとマルチスレッドはどちらも処理の並列化を実現するための機能ですが、2つの機能で最も異なっているのが、メモリ空間の扱いです。

メモリ空間とは、CHAPTER 04で解説した名前空間とは異なる概念で、コンピュータのOSが管理する、プロセス内でアクセス可能なメモリの範囲を表します。

通常のオペレーティングシステムでは、メモリ空間はプロセスごとに作成されるため、異なるプロセスの保持しているメモリに、別のプロセスから直接、アクセスすることはできません(複数のテキストエディタを同時に起動しても、編集しているドキュメントが混ざり合うことはありません)。

一方のマルチスレッド処理は、共通のメモリ空間内で並列的に処理を行えることが特徴です(喩えるならば、マルチプロセスが複数のテキストエディタを起動するのに対して、マルチスレッドは1つのテキストエディタ内に複数の編集キャレットを作成するようなものです)。

マルチプロセス処理ではメモリ空間を共有しないため、複数のプロセスで協調した動作を行うには、プロセス間通信という仕組みを使用して、プロセス間でデータのやり取りを行う必要があります。

Pythonでは、プロセス間通信など処理の並列化に必要な機能は隠蔽して、簡単なAPIを使用することでマルチプロセス処理を行えるようにしています。

もちろん、Pythonにはプロセス間通信などのAPIも用意されてはいますが、ここではそうした低レベルAPIは使用せず、簡単にマルチプロセス処理を行うための機能を紹介します。

#### ◆ 実行プール

マルチプロセスによるプログラムの並列化は、Python標準の「`multiprocessing`」パッケージを使用すれば実現することができます。

マルチプロセスでは、並列化する処理ごとにプロセスが起動します。したがって、それぞれ異なるメモリ空間で処理が実行されることになります。つまり、マルチプロセスを開始する前の時点におけるPythonプログラムのステータスは、新しく起動される各プロセスへとそのままコピーされます。

そして、その各プロセスが並列して処理を行った後で、それぞれのプロセスの結果を受け取って、元のプロセスが再開されます。

# SECTION-021 並列処理

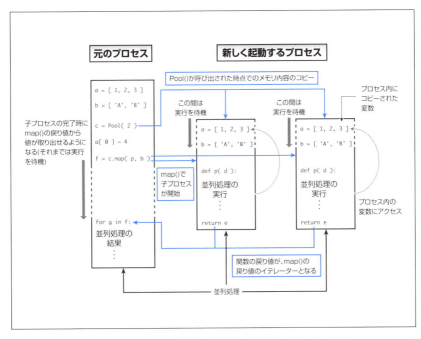

　このような、プロセス間でのデータのやり取りを含む処理を行うために、「multiprocessing」パッケージの「Pool」関数を使用することができます。

　まずは最初に、次のように「multiprocessing」パッケージをインポートし、グローバルの名前空間に関数「p」を作成します。この「p」関数では、ランダムに0から1秒までの時間待った後、グローバル名前空間にある「a」変数の内容を出力します。

　その後、引数の値によって処理を分けて、文字列方のデータを戻り値とします。

　また、変数「b」には2つの値が入っており、これは起動するプロセスに渡される値となります。

```
import multiprocessing
import random
import time

a = [ 1, 2, 3 ]
b = [ 'A', 'B' ]

def p( d ):
    time.sleep( random.random() )
    print( 'subProsess ' + d, a )
    if d == 'A':
        return 'Hello, World'
    elif d == 'B':
        return 'How are you, System'
```

■ SECTION-021 ■ 並列処理

　新しいプロセスを作成するには、次のように「multiprocessing」パッケージの「Pool」
関数を呼び出します。「Pool」関数の引数は作成するプロセスの数となります。

　ここでは、メモリ空間が作成するプロセスと元のプロセスとで異なっていることを確認するた
めに、「Pool」関数の実行直後に変数「a」の中にある値を変更しています。

```
c = multiprocessing.Pool( 2 )

a[ 0 ] = 4

print( 'mainProsess ', a )    # mainProsess  [4, 2, 3]  と表示される
```

　「Pool」関数の実行後「a」の中にある値を変更し、変数「a」の内容を出力すると、上記の
ように「[4, 2, 3]」と変更された値が出力されます。

　一方で、作成されたプロセスはまだ実行されていません。

　作成したサブプロセスを実行するには、次のように「map」関数を、新しいプロセスで使用
する関数の名前と、プロセスに渡す値が返るイテレータを指定して呼び出します。すると次の
ように、プロセスの中で関数「p」が実行されて、プロセスに渡される値とともに、「Pool」関数
が実行された時点での変数「a」の内容が表示されます。

　これは、先ほどの図にあったように、プロセスの作成とメモリのコピーは「Pool」関数が実行
された時点で行われる一方で、プロセス内の関数は「map」関数が実行されて初めて呼び出
されるためです。

```
f = c.map( p, b )
"""
subProsess B [1, 2, 3]
subProsess A [1, 2, 3]
と表示される
"""
c.close()
```

　「map」関数に渡すイテレータは、ここでは変数「b」を指定しています。そうすることで、変数
「b」の中から1つずつ値が取り出されて、それぞれのプロセスに対して渡されます。

　なお、ここでは変数「b」には2つの値があり、作成するプロセスの数も2なので、1つのプロ
セスあたり1回ずつ「p」関数が呼び出され、「b」から取り出された値が渡されます。

　ここでもし、「map」関数に渡すイテレータの返す値の数が、作成するプロセスの数よりも多
い場合は、1つのプロセスあたり複数回の関数呼び出しが行われます。

```
for g in f:
  print( g )
"""
Hello, World
How are you, System
と表示される
"""
```

CHAPTER

07

オペレーティングシステムとGUI

220

■ SECTION-021 ■ 並列処理

最後に、前ページのように「map」関数の戻り値に含まれる値を取り出すと、すべてのプロセスにおける関数「p」の実行結果が含まれていることがわかります。

◆ 重い処理を並列実行する

マルチプロセス処理の例として、CHAPTER 06の最後に紹介したOpenCVを使用して顔検出を行うアルゴリズムを、並列処理化してみます。

CHAPTER 06の202ページでは、動画に含まれているすべてのフレームを画像として取り出し、それらの画像すべてに対して顔検出を行っていました。ここでは204ページに掲載されている、すべてのフレームを画像に対して顔検出を行う部分をマルチプロセス化します。

まずは、204ページではループの中で処理していた、画像から顔検出を行い編集した画像を保存するコードを、グローバル名前空間の「p」という関数の中に移動します。

そして次に、「multiprocessing」パッケージの「Pool」関数でプロセスを作成します。ここでは4つのプロセスを作成していますが、これは使用するコンピュータに搭載されているCPUコアの数に合わせて増やすことで、効率良く実行することができます。

最後に「map」関数を、先ほどの「p」関数と、処理したいすべてのファイルを指定して実行すれば、4つのプロセスで並列的に、すべてのファイルに対する処理を実行します。

```python
# 1枚画像ファイルを処理する関数
def p( b ):
  c = cv2.imread( b )
  d = a.detectMultiScale( c )
  for x, y, w, h in d:
    cv2.circle( c, ( x + w//2, y + h//2 ), w//2, ( 0, 255, 255 ), -1 )    # 円を描写する
    cv2.putText( c, '^_^', ( x, y + h//2 ),
      cv2.FONT_HERSHEY_PLAIN,
      1.5, ( 0, 0, 0 ), 5 )    # 文字列を描写する
  cv2.imwrite( b, c )


# プロセスを作成する
import multiprocessing
a = multiprocessing.Pool( 4 )


# 並列処理ですべてのファイルを処理する
import glob
a.map( p, glob.glob( 'movie_files/*.jpg' ) )
a.close()
```

CHAPTER 07 オペレーティングシステムとGUI

221

■ SECTION-021 ■ 並列処理

## マルチスレッド処理

マルチスレッドは、マルチプロセスと似た並列実行の手法ですが、同じプロセス内で「スレッド」と呼ばれる並列して実行される処理を開始します。

スレッドではマルチプロセスとは異なり、同じメモリ空間内で並列処理が行われます。

同じメモリ空間内で複数の並列処理を行うため、プログラム内のメモリをすべてコピーして新しくプロセスを起動するマルチプロセスよりも、スレッドの方がメモリ効率が良くなるというメリットがあります。

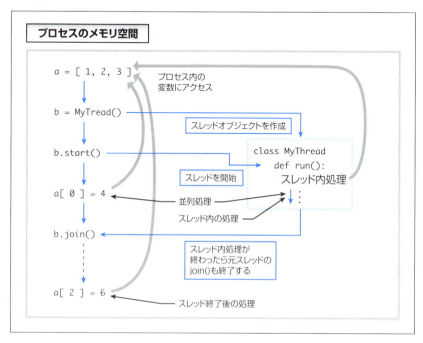

### ◆ スレッドの使用

マルチスレッド処理は、「threading」パッケージの「Thread」クラスを使用して実装することができます。まずは次のように「threading」パッケージをインポートします。

```
import threading
```

なお、この「threading」パッケージは、下位層ではC言語のpthreadに依存しているため、利用できないプラットフォームが存在します。もっとも、Windows、Linux、macOS上で利用できるので、通常、利用される環境では問題になることはないでしょうが、「threading」パッケージが利用できない場合、「dummy_threading」パッケージを代替として利用することができます。

「dummy_threading」パッケージは、スレッドを使用しないだけで「threading」パッケージとまったく同じAPIを持っているので、次のようにインポートするパッケージを変えるだけで、それ以外のプログラムコードは共通のまま動作させることができます。

■ SECTION-021 ■ 並列処理

```
import dummy_threading as threading    # threadingが使用できない場合
```

「threading」パッケージを用意したら、次のように「Thread」クラスの派生クラスを作成します。ここでは「MyThread」という名前で派生クラスを作成しました。また、先ほどと同じように変数「a」に配列を作成し、並列処理におけるメモリ空間の扱いを確かめることにします。

マルチスレッド処理における並列処理は、作成した派生クラスの中に作成する「run」関数に実装します。ここでも先ほど同様、ランダムに0から1秒までの時間待った後、グローバル名前空間にある「a」変数の内容を出力するようにします。

```
a = [ 1, 2, 3 ]

import threading
import random
import time

class MyThread( threading.Thread ):
  def run( self ):
    time.sleep( random.random() )
    print( 'Thread', a )
```

作成した「MyThread」クラスをインスタンスとして作成し、その「start」関数を実行すると、マルチスレッド処理が開始されます。

先ほどのマルチプロセス処理とは異なり、「start」関数は呼び出されるとすぐに呼び出し元へと戻り、作成したスレッドと呼び出し元との両方が同時に実行される並列処理状態になります。

作成したスレッドの終了を待つことで並列処理状態を終わらせるには、「MyThread」クラス「join」関数を呼び出します。

ここでは次のように、マルチスレッド処理を開始した直後に、ランダムに0から1秒までの時間待ち、変数「a」の内容を変更します。またさらに、「join」関数を呼び出してスレッドの終了を待った後、再び変数「a」の内容を変更します。

```
b = MyThread()

b.start()

time.sleep( random.random() )
a[ 0 ] = 4
print( 'Main', a )

b.join()

a[ 2 ] = 6
print( 'Finish', a )
```

CHAPTER 07 オペレーティングシステムとGUI

223

■ SECTION-021 ■ 並列処理

このコードは、並列処理の結果を確かめるために、1行ごとに対話モードで実行するのではなく、ファイルに保存して「python3」コマンドで読み込んで実行してください。

すると、コンソールに出力される結果は、次のどちらかが表示されます。

```
Main [4, 2, 3]
Thread [4, 2, 3]
Finish [4, 2, 6]
```

```
Thread [1, 2, 3]
Main [4, 2, 3]
Finish [4, 2, 6]
```

これは、「sleep」関数で、乱数で指定している時間だけ処理を中断するので、作成した新しいスレッドで変数「a」に値を代入するタイミングと、元のスレッドで値を代入するタイミングが前後する場合があるからです。

当然、どちらの処理が先に行われるかは、乱数によるのでランダムとなりますが、呼び出し元の処理と、スレッドの中での処理とが、同じメモリ空間にある変数を参照していることがわかります。

◆ 呼び出し可能クラス

先ほどは、「threading」パッケージの「Thread」クラスの派生クラスを作成することでマルチスレッド処理を実装しましたが、「Thread」クラスにはもう1つ、「**呼び出し可能クラス**」を使用した使い方があります。

「呼び出し可能クラス」とは、次のように「__call__」関数を含んでいるクラスのことです。呼び出し可能クラスは、クラスのインスタンスを持っている変数に「()」（丸括弧）を付けて、直接、関数のように呼び出すことができます。

クラスのインスタンスから呼び出し可能クラスを呼び出した場合、クラス内に実装されている「__call__」関数が実行されます。

```
class MyFunction():
  def __call__( self ):
    print( 'Hello, World' )

c = MyFunction()
# 呼び出し可能クラスを呼び出す
c()     # Hello, Worldと表示される
```

呼び出し可能クラスを使用して「Thread」クラスを使用するには、「Thread」クラスをそのまま作成し、その際に呼び出し可能クラスを「target」引数として与えます。

そうすると、呼び出し可能クラスが新しいスレッド内で呼び出されて実行されます。

■ SECTION-021 ■ 並列処理

```python
d = [ 1, 2, 3 ]

import threading
import random
import time

class MyThreadFunction():
  def __call__( self ):
    time.sleep( random.random() )
    print( 'Thread', d )

e = MyThreadFunction()
f = threading.Thread( target=e )

f.start()

time.sleep( random.random() )
d[ 0 ] = 4
print( 'Main', d )

f.join()

d[ 2 ] = 6
print( 'Finish', d )
```

　上記のコードを、先ほどの派生クラスを使用したマルチスレッド処理と比べてみると、派生クラスの「run」関数で行っていた処理が、呼び出し可能クラスの「__call__」関数に記載されている点と、派生クラスのインスタンスに対して「start」や「join」関数を呼び出していた部分が「Thread」クラスに対して呼び出している点が異なっています。

　そして、「Thread」クラスを作成する際に「target=e」と、呼び出し可能クラスを引数に指定することで、上記のコードは先ほどの派生クラスを使用したものと、同じように動作します。

　また、これまで「関数」として解説してきたものの実体は、実は「呼び出し可能クラスのインスタンス」そのものでもあります。

　つまり、「def」で定義した「関数」は、「呼び出し可能クラス」として定義したものと同じクラスなので、次のように「__call__」関数を持っており、直接「__call__」関数を呼び出すこともできます。

```python
def print_hello():
  print( 'hello!' )

print_hello.__call__()    # hello!　と表示される
```

　そのため、「Thread」クラスの「target」引数には、「def」で定義した関数も与えることができます。

CHAPTER 07 オペレーティングシステムとGUI

225

■ SECTION-021 ■ 並列処理

◆ 変数のロック

スレッドによる並列処理には、プログラム全体でのメモリ効率が良くなるメリットがありますが、代わりに同じ変数へ複数のスレッドからアクセスしようとすると、タイミングによっては競合が起こってしまい、正しくプログラムが動作できません。

そのため、変数のアクセス時には、その変数を他のスレッドでは利用できないようにしておき、変数へのアクセスが完了したら、再び変数を他のスレッドへと解放してやる必要があります。

このような仕組みを、「ロック」と呼びます。

ロックを実現する手法は複数存在しており、Python標準の「threading」パッケージには、「Lock」「RLock」「Condition」「Semaphore」「BoundedSemaphore」クラスが、スレッドのロックのために用意されています。

これらのクラスは細かい差異はあるものの、基本的な使い方は同じで、ロックを行うクラスを作成し、「with」文でそのクラスを渡すと、「with」文の処理ブロック内の処理は他のスレッドは同時に実行できない「ロックされた」処理となります。

ロックが実行されても他のスレッドは変わらず並列処理を続けますが、同じロックのクラスを使う「with」文を実行しようとすると、以前のロックが解放されるまで、処理が中断されます。

ロックの挙動を確認するために、簡単なプログラムを作成してみます。

```python
import threading
import time

g = threading.Lock()      # ロックを作成

def h():      # 並列処理の内容
  with g:
    # 排他的に行いたい処理
    for j in range( 5 ):
      print( 'Hello' )
      time.sleep( 1 )
  return

i = threading.Thread( target=h )

i.start()      # 並列処理を開始

with g:
  # 排他的に行いたい処理
  for j in range( 5 ):
    print( 'World' )
    time.sleep( 1 )

i.join()      # 並列処理を終了
```

CHAPTER
07
オペレーティングシステムとGUI

226

前ページの例では「Lock」クラスを使用してロックを作成しています。そして、「Thread」クラスで作成したスレッドでは、関数「h」の内容を並列処理で実行します。

処理の内容は、ロックの中で5回ループを回し、「time.sleep」関数で1秒ずつ処理を中断しながらメッセージを表示するというものです。すると、次のように、スレッドの中からのメッセージと、外からのメッセージが、排他的に表示されます。

```
Hello
Hello
Hello
Hello
World
World
World
World
World
```

上記の結果は、スレッドを使用して並列処理を行っているにもかかわらず、ロックの中で行っている処理の途中では、別のスレッドから同じロックの中の処理は実行されないことを示しています。

つまり、スレッドの外側の処理（「World」を表示）はロックの内側にありますが、スレッドの内側の処理（「Hello」を表示）がすべて終わり、ロックが解放されるまで実行を待たされているのです。

このことは、ロックを使用しないで同じ処理を実行すると、次のようにスレッドの中と外からのメッセージが混在して表示されることからも、確かめることができます。

```
World
Hello
World
Hello
World
Hello
World
Hello
World
```

## SECTION-022

# GUIプログラムの作成

### ● ウィジェットを配置する

オペレーティングシステムの重要な機能の1つに、コンピュータを操作するユーザーとプログラムとのインターフェイスを提供するというものがあります。

これまで紹介してきたプログラムは、基本的にコンソール上で動作することを想定していましたが、一般的なコンピュータでは、画面上に表示されるグラフィカルなインターフェイスを通じてユーザーと対話的に動作するプログラムが動作します。

ここではそのような、グラフィカル・ユーザー・インターフェイス（GUI）を持つプログラムの作成について解説し、簡単なサンプルアプリケーションを作成します。

### ◆ ウィンドウを作成する

PythonではGUIを作成するためにいくつかの種類の外部パッケージが用意されています。CHAPTER 01の「Hello, World」プログラムでも少しだけ紹介しましたが、ここではその中でも、Tkinterというパッケージを使用してGUIプログラムを作成します。Tkinterのセットアップ方法については、CHAPTER 01を参照してください。

まず、ここで作成するTkinterの基礎となる、GUIウィンドウを作成します。ウィンドウの作成は、CHAPTER 01と同じく「tkiner」パッケージから「Tk」クラスを作成し、そのクラスの「mainloop」関数を呼び出します。

ウィンドウ内に作成するさまざまな要素や機能は、「Tk」クラスと「mainloop」関数の呼び出しの間に作成します。

ここでは最初に、次のようにウィンドウのタイトルとサイズを設定します。

```python
from tkinter import Tk, ttk

# ウィンドウを作成
win = Tk()
# ウィンドウの設定
win.title( 'Hello Paint' )
win.geometry( '600x400' )


"""
この部分にGUIアプリケーションの処理を記述する
"""


# ウィンドウのメイン処理
win.mainloop()
```

CHAPTER 07 オペレーティングシステムとGUI

■ SECTION-022 ■ GUIプログラムの作成

◆ ラベルを作成する

これで基本となるウィンドウが作成できるので、次はそのウィンドウ内にいろいろなGUIの要素を作成していきます。

TkinterはTkというGUIフレームワークをベースに作成されていますが、ウィンドウ内に作成するGUIの要素を、Tkの用語で「ウィジェット」と呼びます。

ラベルはCHAPTER 01でも使用した、ウィンドウ内に文字列を表示するためのウィジェットで、「tkiner」パッケージの「ttk」モジュール内に存在します。ラベルを作成するには、「Label」クラスを、親ウィンドウと表示する文字列を引数に与えて作成します。

ラベルを作成したら、「place」関数で場所を指定し、ウィンドウ内に配置します。

```python
# ラベルを作成
lbl = ttk.Label( win, text='太さ:' )
# ラベルの位置
lbl.place( x=15, y=20 )
```

◆ 入力エリアを作成する

次に、キーボードからの入力を受け入れることができる、テキストの入力エリアを作成します。

入力エリアは次のようにエリアの幅を指定して「Entry」クラスを作成し、「insert」関数で文字列を挿入します。ここでは「5」という文字列を0文字地点に挿入することで、初期文字列を設定しています。

```python
# 入力エリアを作成
ent = ttk.Entry( win, width=3 )
# ラベルの設定と位置
ent.insert( 0, '5' )
ent.place( x=15, y=50 )
```

入力エリアに入力された文字列は、「ent.get()」から取得することができます。

◆ ラジオボタンを作成する

次に、いくつかの選択肢から1つを選ぶことができる、ラジオボタンを作成します。

ラジオボタンは、所属しているグループ内で1つのみを選択することができるウィジェットなので、まずは所属するグループを作成します。このグループは、「tkinter」パッケージの「StringVar」クラスで作成します。

```python
# ラジオボタンのグループを作成
from tkinter import StringVar
grp = StringVar()
```

作成した「StringVar」クラスは、「set」関数で値を設定し、「get」関数で設定されている値を取得できます。後は「Radiobutton」クラスを、「variable」引数の値として作成したグループを設定し、「value」引数に選択時にグループに設定する値を指定し作成します。

CHAPTER 07 オペレーティングシステムとGUI

■ SECTION-022 ■ GUIプログラムの作成

```
# ラジオボタンを作成
grp.set('lin')
lin = ttk.Radiobutton( win, text='線', variable=grp, value='lin' )
brs = ttk.Radiobutton( win, text='ブラシ', variable=grp, value='brs' )
ers = ttk.Radiobutton( win, text='消ゴム', variable=grp, value='ers' )
# ラジオボタンの位置
lin.place( x=15, y=100 )
brs.place( x=15, y=130 )
ers.place( x=15, y=160 )
```

◆ ボタンを作成する

　次に、ユーザーがクリックすることができる通常のボタンを作成します。ボタンは「Button」クラスを、ボタンのラベルと幅を指定して作成します。

```
# ボタンを作成
btn = ttk.Button( text='新規', width=3 )
# ボタンの位置
btn.place( x=15, y=200 )
```

　この時点で、すべてのウィジェットを配置した画面は、次のようになります。

●macOSで実行

■ SECTION-022 ■ GUIプログラムの作成

●Windowsで実行

●Ubuntuで実行

07 オペレーティングシステムとGUI

■ SECTION-022 ■ GUIプログラムの作成

## キャンバスとマウスイベント

Tkinterでユーザーとのインターフェイスに利用できるのは、あらかじめ用意されているウィジェットだけではありません。

キャンバスという要素を使用することで画面上に自由に図形を描写したり、ウィジェットからのマウスイベントを取得することで、ユーザーのウィンドウ内での操作を直接取得したりすることもできます。

ここでは、キャンバスとマウスイベントを使用して、キャンバス内にマウスで自由に絵を描くことができる、簡単なお絵かきプログラムを作成してみます。

### ◆ キャンバスを作成する

キャンバスは、ウィンドウ内に配置するウィジェットの1つで、キャンバス上にプログラムから自由に図形を描写することができます。

キャンバスを作成するには次のように、「tkiner」パッケージの「Canvas」クラスを、作成するキャンバスのサイズを指定して作成し、「place」関数で配置します。

```
# キャンバスを作成
from tkinter import Canvas
cvs = Canvas( win, width=475, height=350 )
# キャンバスの位置
cvs.place( x=100, y=25 )
```

### ◆ キャンバスのイベントを取得する

次に、キャンバス上のマウスイベントを取得して、キャンバス上にマウスで自由に絵を描く機能を実装します。

まずは、「mouseOn」「mouseOff」という2つの関数を作成し、マウスの移動と解法の機能を作成します。また、マウスの移動に伴って、マウスの座標を保持するグローバルな変数も作成しておきます。

```
# キャンバス上のマウスのハンドリング
bef = None      # 1つ前のマウスの位置

def mouseOn( ev ):      # ボタンを押しながらマウスが移動
  global bef
  if not bef:
    bef = ev
  """
  ここに描写処理を記述する
  """
  bef = ev

def mouseOff( ev ):      # ボタンの位置をクリア
  global bef
  bef = None
```

■ SECTION-022 ■ GUIプログラムの作成

◆キャンバスに描写する

実際にキャンバス上に描写を行う処理は、次のようになります。

まずは「ent.get()」で、ウィンドウ内に配置したテキスト入力エリアから値を取得し、数値とすることで描写する線の太さを作成します。

次に、ラジオボタンの値を、指定したグループの「get」関数から取得し、「if」文で描写する線の種類を変えます。

キャンバスへの描写は、キャンバス内の「create_」から始まる名前の関数を呼び出すことで作成することができます。

ここではサンプルとして、線を描写する「create_line」関数で連続した線を、円を描写する「create_oval」関数で、線からなる円周と、円周なしで塗りつぶす白い円を描写します。

```
wd = float( ent.get() )      # 太さを実数値で取得
tp = grp.get()               # ラジオボタンの値を取得
if tp == 'lin':              # 線を描写
    cvs.create_line( bef.x, bef.y, ev.x, ev.y, width=wd )
elif tp == 'brs':            # 円を描写
    cvs.create_oval( ev.x, ev.y, ev.x + wd, ev.y + wd, width=1 )
elif tp == 'ers':            # 白い円を塗りつぶす
    cvs.create_oval( ev.x, ev.y, ev.x + wd, ev.y + wd, width=0, fill='white' )
```

◆ボタンのイベントを取得する

次に、キャンバスに対して先ほど作成したマウスイベントを実行する関数を登録し、マウスイベントが発生した際にその関数が呼び出されるようにします。

「tkiner」パッケージでマウスイベントなどのユーザー操作を取得するには、ユーザー操作を受け付けたいウィジェットに対して「bind」関数を呼び出します。「bind」関数の引数は、取得するイベントの名前と、イベントの際に呼び出される関数となります。

ここでは、イベントの名前に「<B1-Motion>」でマウスの左ボタンを押しながら移動するイベントを、「<ButtonRelease-1>」でマウスの左ボタンを放すイベントを、「<Leave>」でマウスポインタがウィジェットの外へと出た際のイベントを設定します。

```
# キャンバスにマウスイベントを設定
cvs.bind( '<B1-Motion>', mouseOn )
cvs.bind( '<ButtonRelease-1>', mouseOff )
cvs.bind( '<Leave>', mouseOff )
```

「bind」関数は、キャンバス以外のウィジェットに対しても使用することができます。

ウィンドウ内に作成したボタンに対して、ボタンをクリックしたイベントを設定するには、次のように「'<Button-1>'」という文字列と処理を行う関数を指定して、ボタンの「bind」関数を呼び出します。

ボタンが押されたときの処理には、キャンバス内から「find_all」関数ですべての描写を取得し、「delete」関数で削除するコードを記載します。これにより、ボタンが押されたときにはキャンバスへの描写がすべて消され、描写がリセットされます。

CHAPTER 07 オペレーティングシステムとGUI

233

```
# ボタンが押されたときの処理
def btnHandle( ev ):
    for id in cvs.find_all():
        cvs.delete( id )
# ボタンにマウスイベントを設定
btn.bind( '<Button-1>', btnHandle )
```

　以上のコードをすべてつなげて実行すると、次のように、ウィンドウ内のキャンバスへとマウスで描写することができる、簡単なお絵かきプログラムが完成します。

●Ubuntuで実行

## ▶実行形式ファイル化する

　Pythonでは、Pythonのコードが書かれているソースファイルがそのままプログラムファイルとなるため、コンパイルやリンクといった作業を経ずにプログラムを実行することができます。

　しかし、OSによっては、リンク済みの実行形式ファイルとしてプログラムを用意しておくほうが、都合のよい場合もあります。

　ここでは出来上がったお絵かきプログラムを、OSに合わせた実行形式ファイルとするための方法について紹介します。

### ◆GUIアプリのソースコード

　実行形式ファイルの作成について紹介する前に、先ほど作成したお絵かきプログラムのソースコード全体を提示しておきます。ここでは、次のプログラムが、「tk.py」という名前のファイルで保存されているものとします。

```python
from tkinter import Tk, ttk

# ウィンドウを作成
win = Tk()
# ウィンドウの設定
win.title( 'Hello Paint' )
win.geometry( '600x400' )

# ラベルを作成
lbl = ttk.Label( win, text='太さ:' )
# ラベルの位置
lbl.place( x=15, y=20 )

# 入力エリアを作成
ent = ttk.Entry( win, width=3 )
# ラベルの設定と位置
ent.insert( 0, '5' )
ent.place( x=15, y=50 )

# ラジオボタンのグループを作成
from tkinter import StringVar
grp = StringVar()
# ラジオボタンを作成
grp.set('lin')
lin = ttk.Radiobutton( win, text='線', variable=grp, value='lin' )
brs = ttk.Radiobutton( win, text='ブラシ', variable=grp, value='brs' )
ers = ttk.Radiobutton( win, text='消ゴム', variable=grp, value='ers' )
# ラジオボタンの位置
lin.place( x=15, y=100 )
brs.place( x=15, y=130 )
ers.place( x=15, y=160 )

# ボタンを作成
btn = ttk.Button( text='新規', width=3 )
# ボタンの位置
btn.place( x=15, y=200 )

# キャンバスを作成
from tkinter import Canvas
cvs = Canvas( win, width=475, height=350 )
# キャンバスの位置
cvs.place( x=100, y=25 )

# キャンバス上のマウスのハンドリング
bef = None      # 1つ前のマウスの位置


def mouseOn( ev ):      # ボタンを押しながらマウスが移動
```

■ SECTION-022 ■ GUIプログラムの作成

```python
  global bef
  if not bef:
    bef = ev
  wd = float( ent.get() )        # 太さを実数値で取得
  tp = grp.get()                 # ラジオボタンの値を取得
  if tp == 'lin':                # 線を描写
    cvs.create_line( bef.x, bef.y, ev.x, ev.y, width=wd )
  elif tp == 'brs':              # 円を描写
    cvs.create_oval( ev.x, ev.y, ev.x + wd, ev.y + wd, width=1 )
  elif tp == 'ers':              # 白い円を塗りつぶす
    cvs.create_oval( ev.x, ev.y, ev.x + wd, ev.y + wd, width=0, fill='white' )
  bef = ev

def mouseOff( ev ):       # ボタンの位置をクリア
  global bef
  bef = None

# キャンバスにマウスイベントを設定
cvs.bind( '<B1-Motion>', mouseOn )
cvs.bind( '<ButtonRelease-1>', mouseOff )
cvs.bind( '<Leave>', mouseOff )

# ボタンが押されたときの処理
def btnHandle( ev ):
  for id in cvs.find_all():
    cvs.delete( id )
# ボタンにマウスイベントを設定
btn.bind( '<Button-1>', btnHandle )

# ウィンドウのメイン処理
win.mainloop()
```

◆ PyInstallerを使う

Ubuntuのような Linux系OSでは、「.py」の形式でプログラムを配布することは一般的なので、実行形式ファイルへと変換する必要性は少ないでしょう。

一方、Windows OSでは、「.EXE」形式の実行形式ファイルでプログラムを配布する場合があります。

Windows OSでPythonのプログラムを「.EXE」形式の実行形式ファイルにするには、「PyInstaller」を使用することができます。

「PyInstaller」は次のように「pip」コマンドで「pyinstaller」パッケージをインストールすれば利用できるようになります。

なお、ここでは、Windows OS上での操作を前提にしているので、「pip」コマンドを使用していますが、「PyInstaller」自体はその他のOS上でも利用できます（作成されるのは「.EXE」ではなくそれぞれのOS上で動作する形式の実行形式ファイルです）。その他のOS上で利用する場合は、これまで紹介してきた外部パッケージと同様、「sudo」コマンドや「pip3」など、利用している環境に合わせたコマンドを使用してください。

```
$ pip install pyinstaller
```

先ほど作成した「tk.py」を、「PyInstaller」を使用して実行形式ファイルへと変換するには、次のように「pyinstaller」コマンドを実行します。

```
$ pyinstaller tk.py
```

すると次のように、「dist」→「tk」ディレクトリ以下に、「tk.EXE」を含む実行形式ファイルが作成されます。この中の「tk.EXE」が実行するプログラムファイルで、その他のファイルはプログラムの実行に必要となるライブラリファイルとなります。

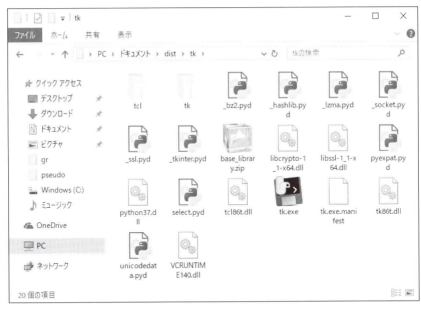

作成された「tk.EXE」を起動すると、次のように、先ほど作成したお絵かきプログラムが実行されます。

● Windowsで実行

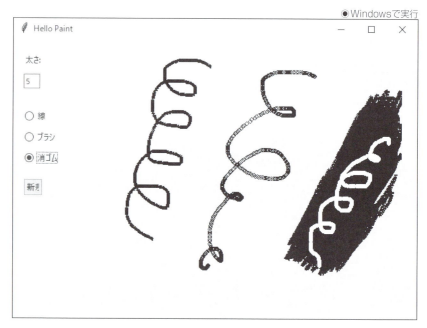

◆Platypusを使う

「PyInstaller」はmacOS上でも利用できますが、作成される実行形式ファイルは、コマンドラインプログラムの形式となり、GUIプログラムで一般的な「.app」形式ではありません。

そのため、macOS上で、GUIプログラムとして「.app」形式のファイルを作成するには、別のツールを使用する必要があります。ここでは、「Platypus」というツールを使用して、「.app」形式のファイルを作成します。

まずは下記のURLから「Platypus」をダウンロードします。

- Platypus - Create Mac apps from command line scripts | |
  URL https://sveinbjorn.org/platypus

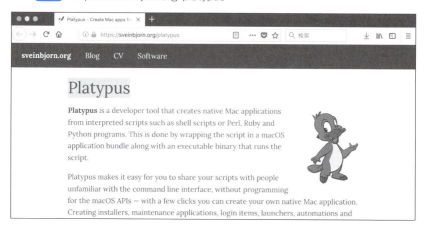

■ SECTION-022 ■ GUIプログラムの作成

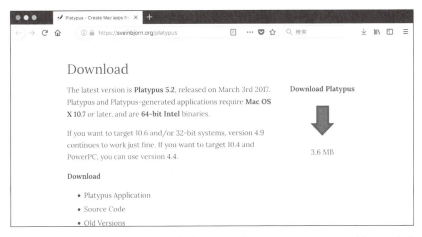

ホームページを開いてスクロールすると表示される、「Download Platypus」をクリックします。そしてダウンロードしたファイルを解凍後、作成されるプログラムを「アプリケーション」フォルダへとコピーして実行すると、次のような画面が表示されます。

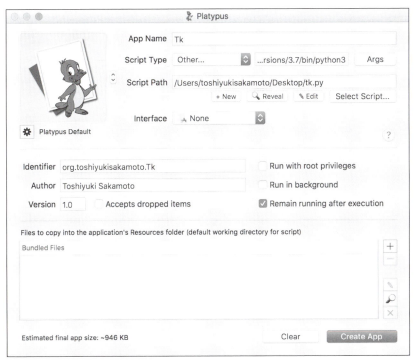

この画面では、「App Name」に作成するアプリケーションの名前を、「Script Type」に実行するスクリプトの種類を、「Script Path」にPythonのプログラムのソースファイルを設定します。

239

■ SECTION-022 ■ GUIプログラムの作成

スクリプトの種類は、「Python」を指定すると、macOSに標準で搭載されているPython 2.7が指定されるので、本書で紹介しているPython3を使用したい場合は、スクリプトの種類に「Other」を指定し、インストールしたPython3のパスを直接、指定する必要があります。

本書の手順でPython3をインストールした場合、Python3のパスは次のようになります。

```
/Library/Frameworks/Python.framework/Versions/3.7/bin/python3
```

最後に「Create App」ボタンをクリックすれば、次のように「Tk.app」というアプリケーションファイルが作成されます。

このファイルを起動すると次のように、先ほど作成したお絵かきプログラムが実行されます。

●macOSで実行

# ネットワーク通信と CGI

# SECTION-023

# ネットワーク通信

## ● HTTPプロトコル

これまでにも見てきたように、Pythonは柔軟な構造を持つ汎用言語であり、さらにさまざまな機能を持つ多数のパッケージが用意されているため、それらを使用して非常に多彩なプログラムを実現することができます。これまでの章ではそうした、プログラミング言語としてのPythonの使い方や、さまざまなパッケージの機能を中心に紹介してきました。

しかし、Pythonのプログラムを通じて実現できることは、Python言語の仕様や、パッケージの機能を通じてできること以外にもあるのです。

それは、遠隔にあるサーバーの機能や、Webサービスを使ってできることを、Pythonからインターネットによる通信を通じて利用するプログラムです。

きっと読者の皆さんも、SNSなど、インターネット上のサービスを利用したことがあるでしょう。そうしたサービスの機能をPythonのプログラムから利用したり、あるいはPythonのプログラムでそうしたサービスを作成したりするには、Pythonでインターネット通信を行うプログラムを記述できなければなりません。

そこでこの章では、インターネット上での通信について、Web上のサービスをWebAPIを通じて利用したり、PythonでWeb上のサービスを構築したりするための方法について解説します。

### ◆ GETメソッド

まずは、インターネット上の通信プロトコルとして、最も頻繁に使用されるHTTPプロトコルによる通信について解説します。

HTTPプロトコルは、いわゆるWebページを閲覧するためのプロトコルで、URLで表されるWeb上のコンテンツを、クライアントから利用することが主な機能となります。

これまでの章でも紹介したように、HTTPプロトコルによるWebへのアクセスには、「urllib」パッケージの「request」モジュールを使用します。たとえば、最も単純にGETメソッドを使用してWebページを取得するには、「request」モジュールにある「urlopen」関数を使用します。

```python
from urllib import request

url = 'https://www.myurl.com/'

# URLを開く
with request.urlopen( url ) as response:
  html = response.read().decode( 'utf-8' )
```

また、BASIC認証に対するユーザー名とパスワードを使用するには「request」モジュール内にある「HTTPPasswordMgr」クラスを作成し、「add_password」関数でパスワードを必要とするレルム（認証領域を表す文字列でサーバーの設定に合わせるかNoneを指定）とURL、送信するユーザー名とパスワードを追加します。

「HTTPPasswordMgr」クラスを作成したら、次のように「request」モジュール内にある「build_opener」関数を使用してURLを開く際のオプションを作成し、「install_opener」関数で登録します。

```
# 「HTTPPasswordMgr」クラス作成する
passwd = request.HTTPPasswordMgr()
passwd.add_password( None, url, 'Username', 'Password' )

# オプションを作成してインストール
opn = request.build_opener( passwd )
request.install_opener( opn )
```

「urlopen」関数の引数は、URLの文字列か、「request」モジュール内にある「Request」クラスを使用します。「Request」クラスではHTTPプロトコルにおけるリクエストの、さまざまなオプションを指定できます。

たとえば、リクエストに新しいHTTPヘッダーを追加するには、「Request」クラスの「add_header」関数を使用します。「add_header」関数を使用して、リクエストにクッキー情報を付与するには、次のようにします。

```
# URLから「Request」クラスを作成
rq = request.Request( url )

# クッキー情報のヘッダーを追加
rq.add_header( 'Cookie', 'NAME=COOKIEDATA' )

# URLを開く
with request.urlopen( rq ) as response:
    html = response.read().decode( 'utf-8' )
```

## ◆POSTメソッド

「urllib」パッケージの「request」モジュールでは、POSTメソッドを使用してサーバーにデータを送信する場合も、同じように「urlopen」関数を使用します。

次のように、「urlopen」関数に「data」という引数を与え、その引数にバイト列でデータを与えると、そのアクセスはPOSTメソッドを使用したデータの送信となります。

```
# POSTで送信するデータ
data = 'postdata=hoge'

# URLを開く
with request.urlopen( url, data=data.encode( 'utf-8' ) ) as response:
    html = response.read().decode( 'utf-8' )
```

■ SECTION-023 ■ ネットワーク通信

　また、URLの文字列の代わりに「request」モジュール内にある「Request」クラスを使用できる点も同じです。たとえば、ファイルから読み込んだJSONデータを、MIME情報を指定するHTTPヘッダーを付与したPOSTメソッドでサーバーに送信するには、次のようにします。

```
import json

# POSTで送信するデータ
with open( 'sample.json', 'r' ) as f:
  data = json.loads( f.read() )      # dataにJSONデータが入る

# URLから「Request」クラスを作成
rq = request.Request( url )

# MIME情報のヘッダーを追加
rq.add_header( 'Content-type', 'application/json' )

# URLを開く
with request.urlopen( rq, data=data.encode( 'utf-8' ) ) as response:
  html = response.read().decode( 'utf-8' )
```

◆ エラーハンドリング

　「urlopen」関数を使用してHTTPプロトコルによるWebアクセスを行う際に、発生するかもしれない通信エラーは、「try～except」文を使ってハンドリングします。

　「urlopen」関数が送出する例外は、「URLError」「HTTPError」「ContentTooShortError」の3つで、それぞれ指定されたURLに接続できなかった場合と、HTTPプロトコルによるレスポンスがエラーコードを指している場合、ダウンロードしたデータが「Content-length」ヘッダーで与えられた長さよりも少なかった場合に発生します。

　「URLError」例外が発生した場合は、「reason」からエラーの内容を取得できます。また、「HTTPError」例外が発生した場合は、「reason」からエラーの内容を、「code」から（404などの）HTTPステータスコードを、「headers」からHTTPヘッダー全体を取得できます。また、「ContentTooShortError」例外が発生した場合、（一部分でもダウンロードできた場合は）「content」からダウンロードしたデータを、「msg」からエラーメッセージを取得できます。

```
try:
  # URLを開く
  with request.urlopen( rq ) as response:
    html = response.read().decode( 'utf-8' )
except URLError as e:                  # URLに到達できない
  print( e.reason )                    # エラーを表示
except HTTPError as e:                  # HTTPレスポンスエラー
  print( e.code )                      # HTTPステータスコードを表示
  print( e.reason )                    # エラーを表示
except ContentTooShortError as e:       # ダウンロードが途中で止まった
  print( e.msg )                       # エラーを表示
  print( len( e.content ) )            # ダウンロードできた長さを表示
```

CHAPTER 08

ネットワーク通信とCGI

244

■ SECTION-023 ■ ネットワーク通信

## ● SMTPプロトコル

Pythonではその他にも、さまざまな通信プロトコルに対応するパッケージが用意されていますが、ここではその一例として、電子メールの送信に使用されるSMTPプロトコルを扱います。

SMTPは、インターネット上のサーバーに接続して、電子メールを送信するためのプロトコルで、利用するためには電子メールのアカウント情報と、サーバーのアドレス、SMTPサービスのポート番号が必要になります。

### ◆ 電子メールを送る

Pythonのプログラムから電子メールを送るには、「email」パッケージの機能を使用して電子メールのデータを作成し、次に「smtplib」パッケージの機能を使用してSMTPサーバーに電子メールを送信します。

まずは、前述したアカウント情報など、電子メールの送信に必要な情報を用意します。これらの情報は、インターネットに接続するためのプロバイダーなど、電子メールアカウントの発行元から入手することができます。

```python
# 送信先アドレス
to = 'target@yourserver.com'

# メールアカウント
addr = 'myname@server.com'
pass = 'XXXXXXXX'

# SMTPサーバーの設定
host = 'mail.server.com'
port = 587

mail = """
こんにちは！
メールの文面です
"""
```

次に、「email」パッケージの機能を使用して電子メールのデータを作成します。

日本語の文面でメールを作成する場合は、複数のデータを含むことができる、マルチパートの電子メールを作成し、文字コードを指定して日本語のテキストを添付する必要があります。

そのためには、「mime.multipart」モジュールにある「MIMEMultipart」クラスに、「mime.text」モジュールにある「MIMEText」クラスのデータ型でメール本文を添付します。また、タイトルや送信先などメールのヘッダーは、「header」モジュールにある「Header」クラスで作成します。

まずは次のように、「alternative」という文字列を指定して「MIMEMultipart」クラスを作成し、ディクショナリの添え字で「Subject」を指定してメールのヘッダーと、「From」を指定して送信元のメールアドレス、「To」を指定して送信先のメールアドレスを代入します。

CHAPTER 08

ネットワーク通信とCGI

245

## ▪ SECTION-023 ▪ ネットワーク通信

　そして「attach」関数を使用して、「MIMEText」クラスのメール本文を添付します。「MIMEText」クラスでは、データがプレーンテキストであり、UTF-8文字列であることを引数で指定します。

```
from email.mime.multipart import MIMEMultipart
from email.mime.text import MIMEText
from email.header import Header

# メールのデータを作成する
msg = MIMEMultipart( 'alternative' )
msg[ 'Subject' ] = Header( 'メールのタイトル', 'utf-8' )
msg[ 'From' ] = addr
msg[ 'To' ] = to
# メールデータに本文のデータを添付する
msg.attach( MIMEText( mail, 'plain', 'utf-8' ) )
```

　最後に、「smtplib」パッケージの「SMTP」クラスを作成し、メールを送信します。

　「SMTP」クラスは、接続するSMTPサーバーのアドレスとポート番号を指定して作成します。「SMTP」クラスを作成した後は、「login」関数にアカウント情報を指定することでSMTPサーバーにログインし、「sendmail」関数でメールを送信します。

　「sendmail」関数には、送信先のメールアドレスと、送信先のメールアドレスのリスト、電子メールのデータから取得した文字列を指定します。

　その後「SMTP」クラスの「quit」関数を呼び出すと、SMTPサーバーから切断され、通信が終了します。

```
import smtplib

# SMTPサーバーに接続する
s = smtplib.SMTP( host=host, port=port )
s.login( addr, pass )
# メールを送信して切断する
s.sendmail( addr, [ to ], msg.as_string() )
s.quit()
```

　以上の手順で、PythonのプログラムからSMTPプロトコルを使用して電子メールを送信することができます。

## SECTION-024

# WebAPI

### ⦿ Twitterに接続する

ソーシャルネットワーキングサービスなど、多くのWebサービスでは、第三者の作るアプリケーションから自社のサービスを利用できるように、WebAPIとしてその機能を提供しています。

WebAPIは根本的にはHTTPプロトコルによるWebアクセスなので、前節で解説した手法を使って利用することもできますが、それでは処理が煩雑になってしまうので、各社のWebAPIを簡単に利用できる外部パッケージが存在しています。

ここでは、WebAPIの利用例として、Twitterの機能を利用するPythonのプログラムを作成します。

### ◆ Tweepyの導入

PythonのプログラムからTwitterのWebAPIを利用するには、外部パッケージのTweepyを利用します。

まずは次のように、Tweepyパッケージをインストールします。

```
$ pip3 install tweepy
$ pip install tweepy
```

Tweepyでは、WebAPIを通じてTwitterのさまざまな機能を利用できます。それらの機能については、Tweepyのドキュメントや、TwitterのWebAPIのドキュメントを参照してください。

- Tweepy Documentation — tweepy 3.5.0 documentation

  URL https://tweepy.readthedocs.io/

- Docs — Twitter Developers

  URL https://developer.twitter.com/en/docs.html

この節ではシンプルに、タイムラインのデータを取得して、Twitterにメッセージを投稿する機能のみを作成します。

### ◆ 認証キーを取得する

WebAPIを使うためにまず、Twitterに対して、WebAPIへアクセスするための許可となる認証キーを要求します。

ここでは参考までに、執筆時点のTwitterにおける認証キーの要求手順を提示しておきます。なお、Twitter社の仕様変更やポリシー変更によって実際の画面は変わる可能性があるので、実際はその時点でのTwitter社のドキュメントに従って手順を進めてください。

まずは、「https://apps.twitter.com」にアクセスし、「Apply for a developer account」をクリックし、ログイン中のTwitterアカウントの横にある「Continue」をクリックします。

CHAPTER 08
ネットワーク通信とCGI

247

■ SECTION-024 ■ WebAPI

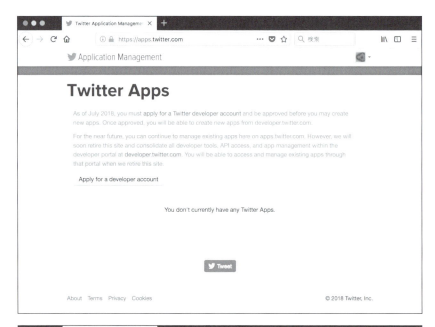

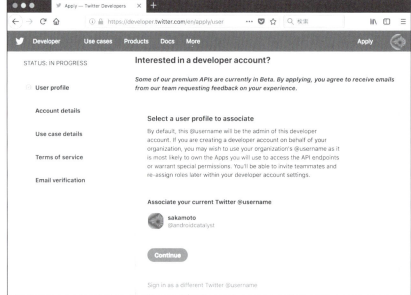

　次に、WebAPIを使う目的を入力します。ここではプログラミングの学習が目的なので、「Student project / Learning code」を選択します。アプリケーションについてのアンケートは300文字以上書く必要がありますが、Google翻訳などを使って理由を記載します。最後に、政府機関へ情報を提供しないなら「No」を選択して「Continue」をクリックします。

■ SECTION-024 ■ WebAPI

　すると、利用規約が表示されるので、チェックボックスにチェックを入れて、「Submit Application」をクリックすると、「https://developwe.twetter.com」にTwitterアプリ制作者としてのダッシュボードが作成されます。

■SECTION-024 ■ WebAPI

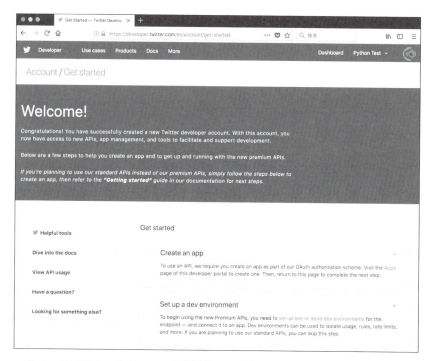

　ダッシュボードからアプリケーションを登録するには、「Create an app」をクリックし、Web APIを使うアプリケーションの情報を入力します。

　登録するアプリの名前はユニークなものでなければなりません。Website URLとcallback URLは適当に入力しても大丈夫です。アプリの使い方については100文字以上入力が必要となります。

　必要な情報を入力したら「Create」をクリックします。

■ SECTION-024 ■ WebAPI

■ SECTION-024 ■ WebAPI

そして表示されるダイアログで「Create」をクリックし、メールの確認が行われると、Web APIを使うアプリケーションが登録できます。

登録したアプリケーションは、ダッシュボードから参照することができます。

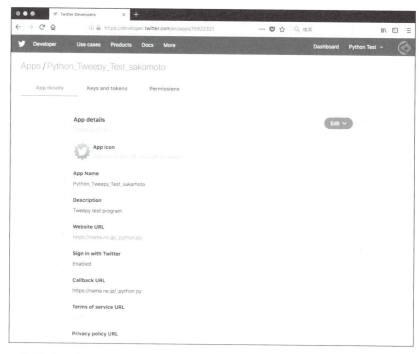

登録したアプリケーションのページで「Keys and tokens」をクリックすると、認証キーが表示されます。

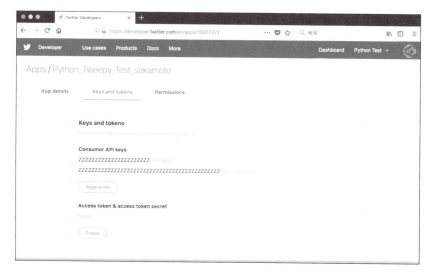

「Access token & access token secret」のところにある「Create」をクリックすると、アクセスキーが取得できます。

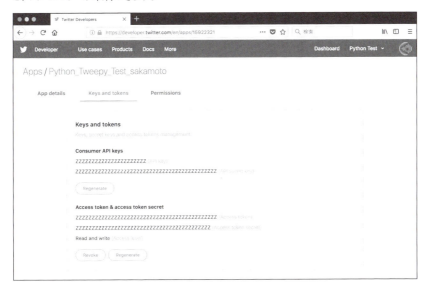

これでWebAPIの利用に必要なキーとトークンが入手できました。

◆ タイムラインを検索する

それでは実際に、TweepyパッケージのWeb機能を使用してTwitterのWebAPIを利用します。

まずは次のように、「Consumer API keys」のところにある2つのキーと、「Access token & access token secret」のところにある2つのキーの合わせて4つの認証キーをPythonのプログラム中に作成します。

そして、「Consumer API keys」のところにある2つのキーを使用し、「tweepy」パッケージ内の「OAuthHandler」クラスを作成します。作成した「OAuthHandler」クラスには、「set_access_token」関数で「Access token & access token secret」のところにある2つのキーを登録します。

```
import tweepy
# 「Consumer API keys」のところにあるキー
api = 'ZZZZZZZZZZZZZZZZZZZZZZZZ'
api_s = 'ZZZZZZZZZZZZZZZZZZZZZZZZZZZZZZZZZZZZZZZZZZZZZZ'
# 「Access token & access token secret」のところにあるキー
acc = 'ZZZZZZZZZZZZZZZZZZZZZZZZ'
acc_s = 'ZZZZZZZZZZZZZZZZZZZZZZZZZZZZZZZZZZZZZZZZZZZZZZ'

# OAuthの認証を作成
auth = tweepy.OAuthHandler( api, api_s )
auth.set_access_token( acc, acc_s )
```

■ SECTION-024 ■ WebAPI

　認証情報を作成したら、次のように「tweepy」パッケージ内の「API」クラスで、Twitterの
WebAPIにアクセスするデータ型を作成します。

　作成した「API」クラスからは、さまざまなTwitterのWebAPIを呼び出すことができます。
例として、現在のユーザーのタイムラインを取得するには、「home_timeline」関数を呼び出
します。

```
# TwitterのWebAPIに接続
twitter = tweepy.API( auth )

# タイムラインのデータを取得
tweets = twitter.home_timeline()
for t in tweets:
  print( t.text )    # タイムラインを表示
```

　「home_timeline」関数の戻り値はイテレータとなっており、「text」からタイムラインにあ
るツイートのテキストを取得することができます。

　上記のコードを実行すると、次のように現在のタイムラインのデータがコンソール上に表示さ
れます。

```
$ python3 tw.py
ノーベル生理学・医学賞を受賞する本庶佑・京大特別教授らが見つけた「PD—1」と似た働き。徳島
大の岡崎拓教授らが、体に備わった免疫の仕組みを使ってがんを治療するカギとなる分子「LAG—3」
の機能を突き止めました。
https://t.co/0pLHYxb6i5
中国が描くのは、日本を突破口に見定めた1989年の再現。そしてトランプ大統領と蜜月関係を築く
半面、習近平主席の秋波にも応じる安倍首相。平和友好条約の発効から40年を迎えた日中関係を探
ります。
https://t.co/fOXxhdpqRW
「米中貿易戦争、10年続く可能性」丸紅会長 https://t.co/MuuTefRbjo
【新宿線】【10月23日　10時56分】現在、平常通り運行しています。 #都営交通運行情報
重量がブロック塀の1割ほどで、耐久性も高いアルミフェンス。大阪北部地震でブロック塀が倒壊
した事故を受け需要が高まり、三協立山は出荷量が前年比3割増。YKKAPは4割増産できる体制を整
えました。
https://t.co/2PVZuQNgL4
```

◆ ツイートを投稿する

　また、ユーザーのタイムラインにツイートを投稿するには、「update_status」関数を使用し
ます。

```
twitter.update_status( 'ツイートのテスト' )
```

　上記のように「update_status」関数を実行すると、次ページの図のように、ユーザーの
タイムラインにツイートが投稿されます。

■ SECTION-024 ■ WebAPI

　ここではPythonからWebAPIを利用する一例として、Tweepyパッケージを使用してTwitterのWebAPIにアクセスしました。

　その他のWebサービスにおいても、WebAPIを利用する際の基本的な考え方（サービスにアプリケーションを登録→認証キーを取得→WebAPIにアクセス）は同じなので、参考にしてください。

## SECTION-025

# CGI

### 📙 単語配置ゲームを作る

Common Gateway Interface（CGI）とは、Webアプリを作成するために広く利用されている、プログラムとWebサーバーとのインターフェイスです。

CGIは、Webサーバー上のURLに配置したプログラムを、そのURLへのアクセスがあった際に実行して、その結果をアクセスに対するレスポンスとしてクライアントへ送信する仕組みになっており、CGIプログラムを通じて、ブラウザなどのクライアントがWebサーバー上のリソースを利用できる点が特徴となります。

そのようにCGIは、Webアプリを作成するための仕組みなのですが、Webアプリの作成においては、サーバー上で動作するCGIプログラムだけではなく、クライアント（ブラウザ）で動作するHTMLやJavaScriptも作成しなければならない難しさがあります。

ここでは、簡単なWebアプリの例として、スクラブル風のゲームを実行できるCGIプログラムを作成し、また、その過程でSQLite3データベースなど、これまでに解説しきれなかったPythonの機能について、簡単に紹介します。

### ◆ データ構造の定義

アルファベットの書かれたタイルを並べて英単語の列を作る、スクラブルと呼ばれるテーブルゲームがあります。

ここでは、スクラブルに似たルールで、単語の列をつなげて遊べるスクラブル風のゲームを想定し、そのゲームを実行できるCGIプログラムを作成します。

まずは、そのゲーム内で使用するデータの構造と、データ構造を実装するためのPythonクラスについて考えることにします。

ここでは、スクラブル風として、単語の頭文字からのみ新しい列を作成できる、列は常に右または下に向かって伸びる、というルールを持つ、アルファベットをラベルとして持つ「タイル」を作成します。

また、オブジェクト指向の考え方に従って、その「タイル」はクラスとして作成します。クラスの名前は「Tile」クラスとなり、そのクラスは次の図のように、自分の右側と下側にあるタイルを指す変数を持ちます。

■ SECTION-025 ■ CGI

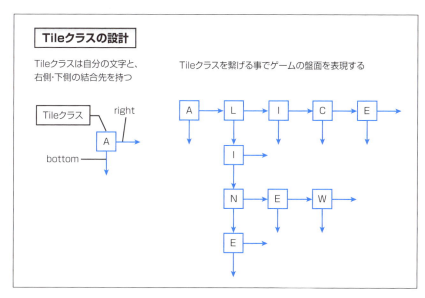

この「Tile」クラスは、アルゴリズム論的には二分木と呼ばれるデータ構造を表しています。実際のスクラブルでは、タイルが幾何学的に同じ座標に重なることはありませんが、ここでは簡便のため、幾何学的な重なりは考慮しないことにします。

最初に、タイルが持つアルファベットと、右および下のタイルを変数の「w」「right」「bottom」として、「Tile」クラスを作成します。

```
# データ型を定義する
class Tile:
    def __init__( self, word ):
        self.w = word
        self.right = None
        self.bottom = None
```

◆ 演算子のオーバーロード

「**演算子のオーバーロード**」はオブジェクト指向の中でも最も高度な概念で、クラスとして抽象化されたデータ間の関係性を、さらに演算子として抽象化するための機能を提供します。

これまでの章でも、たとえばNumpyのndarray型などの外部パッケージにあるデータ型で、「+」や「*」などの演算子の扱われ方が、リストなどのデータ型とは異なっていることを見てきました。

これは、それらのデータ型が「演算子のオーバーロード」を使用して、対象となる演算子における演算の意味を、データ型の側で再実装しているからにほかなりません。

これまでは、プログラミングの学習の観点から、Python言語のプログラミングパラダイムについては曖昧にしてきましたが、本来、Python（バージョン3以降）は純粋なオブジェクト指向言語であり、すべてのデータはオブジェクトとして扱われます。

## ■ SECTION-025 ■ CGI

　それがどういった意味かというと、外部パッケージにあるものも含めて、Pythonにおけるデータ型は、実はすべてクラスで作成されています（さらにCHAPTER 07の225ページでは、いわゆる「関数」もクラスであることを紹介しました。純粋なオブジェクト指向言語ではあらゆるものが「クラス」なのです）。

　そして、データとデータの演算（式）で利用される「+」や「*」などの演算子は、演算子の側に演算の意味があるのではなく、データ型（クラス）の側に意味が実装されているのです。

　つまり、「a + b」といったような式があった場合、その式がどのような計算をするのかは、「+」記号の側に固有の処理があるわけではなく、「a」または「b」のデータ型の方に、「自分のデータ型では'+'記号はこのような処理を意味する」という実装が存在するのです。

　Pythonで演算子のオーバーロードを使用するには、データ型となるクラスの中に「__add__」のような特殊な名前の関数を作成します。

　たとえば、「a + b」という式であれば、「a」のデータ型となるクラスの「__add__」関数が、「b」を引数にして呼び出され、その結果が「a + b」の値となります。

　Pythonで使用できる演算子と、その演算子をオーバーロードする際の関数名を下表に提示します。

| 演算子 | 関数名 |
|---|---|
| p1 + p2 | p1.__add__(p2) |
| p1 - p2 | p1.__sub__(p2) |
| p1 * p2 | p1.__mul__(p2) |
| p1 ** p2 | p1.__pow__(p2) |
| p1 / p2 | p1.__truediv__(p2) |
| p1 // p2 | p1.__floordiv__(p2) |
| p1 % p2 | p1.__mod__(p2) |
| p1 << p2 | p1.__lshift__(p2) |
| p1 >> p2 | p1.__rshift__(p2) |
| p1 & p2 | p1.__and__(p2) |
| p1 \| p2 | p1.__or__(p2) |
| p1 ^ p2 | p1.__xor__(p2) |
| ~p1 | p1.__invert__() |
| p1 < p2 | p1.__lt__(p2) |
| Lp1 == p2 | p1.__eq__(p2) |
| p1 != p2 | p1.__ne__(p2) |
| p1 > p2 | p1.__gt__(p2) |
| p1 >= p2 | p1.__ge__(p2) |

　さらに、「__add__」に対して「__iadd__」、「__sub__」に対して「__isub__」などと「i」を付けることで、「+=」や「-=」のような、代入を伴う演算子を表します。

CHAPTER 08

ネットワーク通信とCGI

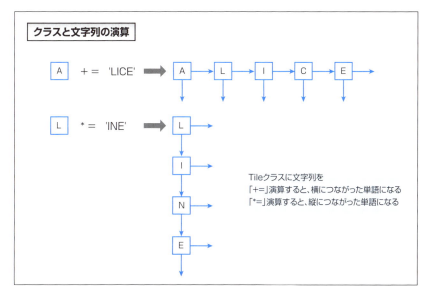

　さて、ここでは、上図に示したように、「Tile」クラスに対して「+=」と「*=」演算子を定義することで、「Tile」クラスと文字列との演算が可能になるようにします。

　そのためには、次の2つの関数を、先ほど作成した「Tile」クラスの内部に作成します。

```
# += 演算子のオーバーロード
def __iadd__( self, val ):
  bef = None
  for w in reversed( val ):
    t = Tile( w )
    t.right = bef
    bef = t
  self.right = bef
  return self


# *= 演算子のオーバーロード
def __imul__( self, val ):
  bef = None
  for w in reversed( val ):
    t = Tile( w )
    t.bottom = bef
    bef = t
  self.bottom = bef
  return self
```

■ SECTION-025 ■ CGI

## ◉ CGIパラメータ

ゲームで使用するデータ型が出来上がったら、次はいよいよCGIプログラムの処理を作成していきます。

まずは、ブラウザからCGIプログラムにアクセスしたときに渡されるパラメータを、プログラム内から利用するためのコードを作成します。

### ◆ パラメータを取得する

CGIのパラメータを取得するには、Python標準の「cgi」パッケージにある「FieldStorage」関数を使用します。「FieldStorage」関数の戻り値は、CGIパラメータの名前と値を含むディクショナリで、パラメータの名前をキーに、値の「value」からその値の文字列を取得できます。

たとえば、「cmd」という名前のパラメータを取得するコードは次のようになります。

```
# CGIパラメータを取得する
import cgi
param = cgi.FieldStorage()
cmd = ''
if 'cmd' in param:
  cmd = param[ 'cmd' ].value
```

さらにここでは、「cmd」パラメータの値が「add」から始まるものであれば、「x」「y」「m」パラメータの値も取得するようにします。

```
if cmd.startswith( 'add' ):
    # タイルの追加なら場所と単語の2文字目以降を取得
    ax = int( param[ 'x' ].value )
    ay = int( param[ 'y' ].value )
    am = param[ 'm' ].value[ 1: ]
```

## ◉ セッション管理

CGIプログラムを作成する際に注意が必要なのは、ブラウザからの1回ごとのアクセスは、それぞれが個別のCGIプログラム実行となることです。

そのため、同じユーザーがブラウザを再読み込みした場合や、HTMLの遷移に伴う際アクセスなどの際に、以前のアクセスから継続して動作しているように、プログラムの出力を作成する必要があります。

そのための仕組みを、セッション管理と呼びますが、ここではHTTPプロトコルの機能の1つである「クッキー」を使用したセッション管理を実装します。

### ◆ クッキーを発行する

「クッキー」とは、Webサーバー側からクライアントに対して、次のアクセスの際に送信するべく保存しておくようリクエストする、小さなデータのことです。

Webサーバーから独自の値をクッキーとして送信すれば、同一のブラウザは次のアクセス時にも同じ値をクッキーとして送信してくるので、セッションの同一性を確認することができます。

■ SECTION-025 ■ CGI

まずは、現在クライアントから送られてきたクッキーを取得するコードを作成します。クッキーは、環境変数の「HTTP_COOKIE」の中に保存されて、CGIプログラムに対して渡されます。

CHAPTER 07の213ページで紹介したように、環境変数は「os」パッケージの「environ」から取得することができますが、さらに「http」パッケージの「cookies」モジュールにある機能を使用することで、簡単にクッキーを扱うことができるようになります。

ここでは次のように、「http」パッケージの「cookies」モジュールにある「SimpleCookie」クラスを作成し、そのクラスの「load」関数を使用することで、クッキーを取得します。

```
# クッキーを発行する
import os
from http import cookies

# 現在のクッキーを取得
cookie = cookies.SimpleCookie()
if 'HTTP_COOKIE' in os.environ:
    cookie.load( os.environ[ 'HTTP_COOKIE' ] )
```

そして、取得したクッキーの中に「GAME」という名前の値があれば、その値をセッション管理のためのIDとして使用します。

「GAME」という名前の値がなかった場合は、初めてのアクセスということなので、新しくUUIDを使用してIDを作成し、クッキーに設定します。

```
# なければ新しく作成
import uuid
if 'GAME' not in cookie:
    cookie[ 'GAME' ] = uuid.uuid1()      # セッションIDを作成
gid = cookie[ 'GAME' ].value             # セッションIDを取得
```

◆ データベースを使う

CGIプログラムを作成する場合に注意すべき点として、Webサーバーには複数のユーザーが同時にアクセスすることがあるため、プログラムがいくつも同時に起動することがあるという問題があります。そのため、サーバー上のファイルを共有するようなプログラムの場合、タイミングによってはファイルへの書き込みが競合してしまい、結果としてファイル内のデータが壊れてしまうことが想定されます。

そこで、CGIプログラムでは、ファイルのロックやトランザクション処理に対応したデータベースなどを使用して、サーバー上のリソースに対して競合が起きないよう工夫する必要があります。

ここでは、Pythonが標準で搭載している、SQLite3によるデータベース処理を利用して、セッション管理に必要なデータをサーバー上に保存するようにします。

まずはデータベースで使用するファイルとその保存場所を作成します。ここでは次のように、「/var/db」ディレクトリ以下に「game.db」というファイルを作成しました。

■ SECTION-025 ■ CGI

　Ubuntu上のApacheでは、CGIプログラムの実行ユーザーはデフォルトで「www-data」となるので、ファイルとディクショナリの所有者を「www-data」に変更し、CGIプログラムからファイルに書き込みができるようにしておきます。

```
$ sudo mkdir /var/db
$ sudo chown www-data: /var/db
$ sudo touch /var/db/game.db
$ sudo chown www-data: /var/db/game.db
```

　データベースの保存先ファイルを作成したら、CGIプログラムの方でデータベースを使用するコードを作成します。
　Pythonには標準でSQLite3データベースが搭載されているので、それを利用するための「sqlite3」パッケージをインポートし、さらに「connect」関数を使用して先ほど作成したデータベースファイルへと接続します。
　そして、「connect」関数が返すデータベースに対して、「cursor」関数を呼び出すと、データベースに対してコマンドを送信するためのカーソルが作成されます。
　カーソルに対しては「execute」関数でSQL文でデータベースの操作を行うことができます。
　まず最初に送信するSQL文は、データの保存場所として「tile」という名前のテーブルを用意するものになります。「CREATE TABLE IF NOT EXISTS tile (id TEXT, val TEXT)」というSQL文は、「tile」という名前のテーブルが存在しない場合、「id」と「val」という列を持つテーブルを作成する、という意味になります。

```
# データベースに接続
import sqlite3
db = sqlite3.connect( '/var/db/game.db' )
cur = db.cursor()
# テーブルがなければ作成
cur.execute( 'CREATE TABLE IF NOT EXISTS tile (id TEXT, val TEXT)' )
```

　そして次に、「id」列の値と先ほど作成したセッション管理のためのIDが一致するテーブルがないか検索し、その結果を取得します。
　ここでは「execute」関数に渡すSQL文には「?」という文字列が含まれています。この「?」の部分は、2番目の引数にタプルで渡される値で置換され、最終的なSQL文となります。
　今回のようにCGIパラメータから渡された値をSQL文に入れる場合、パラメータ文字列をそのままSQL文につなげると、SQLインジェクションというセキュリティホールが発生するので、必ず「?」を含んだSQL文と2番目の引数を使用するようにします。

```
# セッションIDのデータを取得
cur.execute( 'SELECT val FROM tile WHERE id=?', ( gid, ) )
val = cur.fetchone()
```

　「?」を含んだSQL文では、SQLインジェクションが発生しないように、2番目の引数の中身をエスケープしてくれます。

ネットワーク通信とCGI

## ◆ データベースの処理を行う

次に、作成したテーブルにデータを保存するためのコードを作成します。

データの保存はSQL文の「INSERT」文を使用します。ここでも保存するデータの箇所は「?」としておき、「execute」関数の2番目の引数で、実際のデータの文字列を与えます。

保存するデータは、盤面の最も左上にある「Tile」クラス(内部の変数で盤面にあるすべてのタイルとつながる)で、CHAPTER 06で紹介した「pickle」を使いデータを直列化した後、Base64で文字列化して、データベースに保存するデータにします。

「pickle」では、「dumps」関数を使用すると、ファイルに書き込むのではなくバイト列で直列化したデータを取得できるので、それを「base64」パッケージの「b64encode」関数に渡すことで、Base64化したデータとします。さらにBase64化したデータの「hex」関数を使用すると、文字列で表現したBase64が取得できます。

```
# データベースの処理
import pickle
import base64

if not val:
    # データベースにセッションがなかったら、新しく盤面データを作成
    root = Tile( 'A' )
    root += 'LICE'                          # 横に「ALICE」というタイル
    b = pickle.dumps( root )                # データを直列化
    s = base64.b64encode( b ).hex()         # Base64で文字列化
    # データベースにセッションの盤面データを追加
    cur.execute( 'INSERT INTO tile VALUES (?, ?)', ( gid, s ) )
```

次に、CGIパラメータの「cmd」で指定された、CGIプログラムの動作を作成します。

ここでは「cmd」の値が「end」であるならばゲームの終了を意味することにしました。ゲームの終了時にはデータベースからセッションを表すデータを削除し、盤面にはタイルが存在しないようにします。

```
elif cmd == 'end':
    # ゲームの終了ならデータベースから削除
    cur.execute( 'DELETE FROM tile WHERE id=?', ( gid, ) )
    root = None
```

最後に、通常のゲームが進行中の場合は、データベースから「Tile」クラスのデータを読み込んで、最も左上にある要素として復活させます。

ここでの処理は、最初にデータを保存した際の処理の逆で、データベースから読み込んだ値を「bytes」クラスの「fromhex」関数でBase64バイト列化し、「b64decode」関数で直列化したデータとし、最後に「pickle」の「loads」で「Tile」クラスのインスタンスに戻します。

■ SECTION-025 ■ CGI

```
else:
    # データベースから読み込む
    s = bytes.fromhex( val[ 0 ] )      # Base64バイト列
    b = base64.b64decode( s )          # 直列化データ
    root = pickle.loads( b )           # 盤面データを復元
```

## ゲームCGIの全体

　以上でデータベースを使用してセッションのデータを復元するコードが作成できたので、次にゲームの操作によって盤面を更新するための機能を作成していきます。

### ◆ 盤面にタイルを追加する

　まずは盤面に新しいタイルを追加するためのコードを作成します。

　盤面に新しいタイルが追加される場合、CGIパラメータの「cmd」には「addr」(右側に単語を追加)か「addb」(下側に単語を追加)の値が入れられています。また、その場合にはCGIパラメータの「x」「y」に追加する座標が、「m」に追加する単語が入れられます。

　それらのパラメータの値は、最初に「ax」「ay」「am」変数に代入していたので、その値を使用して、最も左上にある「Tile」クラスからすべてのタイルをたどり、タイルの追加処理を行います。

　最も左上からすべてのタイルをたどるための処理は、再帰関数と呼ばれるアルゴリズムを使用します。「Tile」クラスは二分木と同じデータ構造を持っているので、最も左上にある「Tile」クラスを引数に指定して「addtile」関数を呼び出し、「addtile」関数の中ではさらに、現在のタイルの右側と下側にあるタイルを指定して「addtile」関数を呼び出す(これを再帰と呼びます)ことで、最も左上にあるタイルからつながっているすべてのタイルをたどることができます。

　また、「addtile」関数の呼び出しの際には、そのタイルの位置をX座標とY座標で指定するようにします。それにより、CGIパラメータから取得した現在の位置に達したときに、引数から取得したタイルに対して新しく単語を追加する処理を行い、新しいタイルを使用して再帰を続けることができます。

```
# 再帰関数でタイルを追加する
def addtile( node=root, x=1, y=1 ):
    if not node:
        return None
    # コマンドと位置で追加する場所を判断
    if cmd == 'addr' and x == ax and y == ay:
        node += am        # 横に追加
    elif cmd == 'addb' and x == ax and y == ay:
        node *= am        # 縦に追加
    node.right = addtile( node.right, x+1, y )    # 再帰
    node.bottom = addtile( node.bottom, x, y+1 )  # 再帰
    return node           # 現在のタイルを返す

root = addtile()    # タイルを追加
```

CHAPTER 08
ネットワーク通信とCGI

264

■ SECTION-025 ■ CGI

　上記のコードが実行されると、左上からすべてのタイルをたどり、CGIパラメータで指定された場所に単語が追加されます。これによりゲームの盤面が更新されるので、次のようにSQL文の「UPDATE」を使用して、データベースのデータを更新します。

```
# 新しい盤面をデータベースに保存
b = pickle.dumps( root )
s = base64.b64encode( b ).hex()
cur.execute( 'UPDATE tile SET val=? WHERE id=?', ( s, gid ) )
```

　最後に、次のコードを実行してデータベースの内容をファイルへと保存します。
　データベースの「commit」関数では、他のCGIプログラムが同時に動作していたとしても、ファイルへの書き込みが競合してデータが壊れることがないように、トランザクション管理を行った上でファイルへの書き込みを行ってくれます。

```
# データベースを更新して閉じる
db.commit()
db.close()
```

◆ HTMLでタイルを表示する

　以上でCGIプログラムとしての処理は完成したので、後はHTMLコードとJavaScriptを作成して、クライアント側での処理を実装する必要があります。
　ここではHTMLコードとJavaScriptは、PythonのCGIプログラム中に文字列として作成しておき、CGIの結果としてブラウザへ送信するようにします。
　まず、ゲームの盤面にある1つひとつのタイルは、「<em></em>」タグで実装します。そしてそれぞれの「<em></em>」タグには、「style="left:%d;top:%d"」でブラウザ内に表示する座標を指定します。
　さらに、「onclick=""」にはタイルをクリックした際の処理となるJavaScriptを記載します。ここではJavaScriptの処理には、「location.href='game.py?cmd=%s&x=%d&y=%d&m='+prompt()」とすることで、画面遷移を行ってCGIプログラムを再び呼び出すようにします。
　そしてCGIプログラムを呼び出す際のパラメータとして、そのタイルの座標と、JavaScriptの「prompt()」関数から取得できる、ユーザーが入力した文字列を、「x」「y」「m」の名前で指定します。
　また、「cmd」パラメータには、右側に向けて追加するのか下側に向けて追加するのかを表す「addr」または「addb」が入りますが、この値は「gettile」関数の引数として与えられます。
　それらのタグを文字列として作成し、すべてのタイルを表示するためのタグとするコードは、先ほどと同じく再帰関数で作成します。
　次のコードでは、「gettile」関数が1回呼び出されるたびに、引数として与えられたタイルに相当するHTMLタグを作成します。そして、与えられたタイルの右側と下側のタイルのタグを付け加えて「gettile」関数を再帰することで、最終的にすべてのタイルを表すHTMLタグが作成できます。

■ SECTION-025 ■ CGI

```python
# 再帰関数で盤面をHTML化する
def gettile( node=root, x=1, y=1, c='addb' ):
  if not node:
    return ''
  # HTMLタグの文字列を返す
  return """
<em style="left:%d;top:%d"
    onclick="location.href='game.py?cmd=%s&x=%d&y=%d&m='+prompt()">
%s
</em>
%s
%s
""" % ( x*50, y*50, c, x, y, node.w,        # タイルの表示内容
  gettile( node.right, x+1, y, 'addb' ),    # 再帰
  gettile( node.bottom, x, y+1, 'addr' ) )  # 再帰
```

◆ ゲーム画面を表示する

　最後に、HTML全体として、「<em></em>」タグのスタイルシートとゲーム終了へのリンクを含む文字列を作成します。HTMLの全体は次のようになります。

```html
# 表示するHTML
html = """
<html>
<head>
<style>
em {
  position: absolute;
  display: block;
  border: solid 1px black;
  width: 48px;
  height: 48px;
  background: silver;
  margin: 0;
  padding: 0;
}
</style>
</head>
<body>
<a href='game.py?cmd=end'>ゲームを終わる</a>
%s
</body>
</html>
"""
```

## SECTION-025 CGI

　後はHTML全体に、先ほど作成したタイルのタグを挿入し、HTTPヘッダーと共に出力してやれば、CGIプログラムが完成します。

　出力するHTTPヘッダーは、コンテンツタイプを指定する文字列と、クライアントに送信するクッキーからなります。クライアントに対してクッキーを送信するには、「`SimpleCookie`」クラスをそのまま「`print`」関数に渡してやります。また、ゲームの終了時にはクッキーを削除するため、有効期限を過去の日時に指定したクッキーを送信してやります。

```
# HTTPヘッダーを送信
print( 'Content-Type: text/html' )
if cmd == 'end':
    # ゲームの終わりならクッキーを削除
    print( 'Set-Cookie: GAME=; expires=Thu, 1-Jan-1970 00:00:00 GMT;' )
else:
    # そうでなければクッキーを送信
    print( cookie )
# 1行空行を送信
print()
# HTMLに盤面を入れて送信
print( html % gettile() )
```

### ◆最終的なコード

　以上の内容をつなげると、最終的なスクラブル風ゲームのCGIプログラムが完成します。

　次の内容を「game.py」という名前で保存し、CHAPTER 01の35ページを参考にCGIプログラムが動作可能なディレクトリにコピーしてください。

```
#!/usr/bin/python3

import sys
import io
sys.stdout = io.TextIOWrapper( sys.stdout.buffer, encoding='utf-8' )

# データ型を定義する
class Tile:
    
    def __init__( self, word ):
        self.w = word
        self.right = None
        self.bottom = None
    
    # += 演算子のオーバーライド
    def __iadd__( self, val ):
        bef = None
        for w in reversed( val ):
            t = Tile( w )
            t.right = bef
```

## SECTION-025 CGI

```
        bef = t
    self.right = bef
    return self

# *= 演算子のオーバーライド
def __imul__( self, val ):
    bef = None
    for w in reversed( val ):
        t = Tile( w )
        t.bottom = bef
        bef = t
    self.bottom = bef
    return self

# CGIパラメータを取得する
import cgi
param = cgi.FieldStorage()
cmd = ''
if 'cmd' in param:
    cmd = param[ 'cmd' ].value
if cmd.startswith( 'add' ):
    # タイルの追加なら場所と単語の2文字目以降を取得
    ax = int( param[ 'x' ].value )
    ay = int( param[ 'y' ].value )
    am = param[ 'm' ].value[ 1: ]

# クッキーを発行する
import os
from http import cookies

# 現在のクッキーを取得
cookie = cookies.SimpleCookie()
if 'HTTP_COOKIE' in os.environ:
    cookie.load( os.environ[ 'HTTP_COOKIE' ] )
# なければ新しく作成
import uuid
if 'GAME' not in cookie:
    cookie[ 'GAME' ] = uuid.uuid1()    # セッションIDを作成
gid = cookie[ 'GAME' ].value           # セッションIDを取得

# データベースに接続
import sqlite3
db = sqlite3.connect( '/var/db/game.db' )
cur = db.cursor()
# テーブルがなければ作成
cur.execute( 'CREATE TABLE IF NOT EXISTS tile (id TEXT, val TEXT)' )
```

```python
# セッションIDのデータを取得
cur.execute( 'SELECT val FROM tile WHERE id=?', ( gid, ) )
val = cur.fetchone()


# データベースの処理
import pickle
import base64

if not val:
    # データベースにセッションがなかったら、新しく盤面データを作成
    root = Tile( 'A' )
    root += 'LICE'                      # 横に「ALICE」というタイル
    b = pickle.dumps( root )            # データを直列化
    s = base64.b64encode( b ).hex()     # Base64で文字列化
    # データベースにセッションの盤面データを追加
    cur.execute( 'INSERT INTO tile VALUES (?, ?)', ( gid, s ) )
elif cmd == 'end':
    # ゲームの終了ならデータベースから削除
    cur.execute( 'DELETE FROM tile WHERE id=?', ( gid, ) )
    root = None
else:
    # データベースから読み込む
    s = bytes.fromhex( val[ 0 ] )       # Base64バイト列
    b = base64.b64decode( s )           # 直列化データ
    root = pickle.loads( b )            # 盤面データを復元


# 再帰関数でタイルを追加する
def addtile( node=root, x=1, y=1 ):
    if not node:
        return None
    # コマンドと位置で追加する場所を判断
    if cmd == 'addr' and x == ax and y == ay:
        node += am          # 横に追加
    elif cmd == 'addb' and x == ax and y == ay:
        node *= am          # 縦に追加
    node.right = addtile( node.right, x+1, y )      # 再帰
    node.bottom = addtile( node.bottom, x, y+1 )    # 再帰
    return node             # 現在のタイルを返す


root = addtile()    # タイルを追加


# 新しい盤面をデータベースに保存
b = pickle.dumps( root )
s = base64.b64encode( b ).hex()
cur.execute( 'UPDATE tile SET val=? WHERE id=?', ( s, gid ) )
```

■ SECTION-025 ■ CGI

```python
# データベースを更新して閉じる
db.commit()
db.close()


# 再帰関数で盤面をHTML化する
def gettile( node=root, x=1, y=1, c='addb' ):
    if not node:
        return ''
    # HTMLタグの文字列を返す
    return """
<em style="left:%d;top:%d"
    onclick="location.href='game.py?cmd=%s&x=%d&y=%d&m='+prompt()">
%s
</em>
%s
%s
""" % ( x*50, y*50, c, x, y, node.w,       # タイルの表示内容
    gettile( node.right, x+1, y, 'addb' ),  # 再帰
    gettile( node.bottom, x, y+1, 'addr' ) )  # 再帰


# 表示するHTML
html = """
<html>
<head>
<style>
em {
  position: absolute;
  display: block;
  border: solid 1px black;
  width: 48px;
  height: 48px;
  background: silver;
  margin: 0;
  padding: 0;
}
</style>
</head>
<body>
<a href='game.py?cmd=end'>ゲームを終わる</a>
%s
</body>
</html>
"""


# HTTPヘッダーを送信
print( 'Content-Type: text/html' )
if cmd == 'end':
```

```
    # ゲームの終わりならクッキーを削除
    print( 'Set-Cookie: GAME=; expires=Thu, 1-Jan-1970 00:00:00 GMT;' )
else:
    # そうでなければクッキーを送信
    print( cookie )
# 1行空行を送信
print()
# HTMLに盤面を入れて送信
print( html % gettile() )
```

◆ゲームの様子

実際に上記の「game.py」にブラウザからアクセスすると、次のような画面が表示されます。

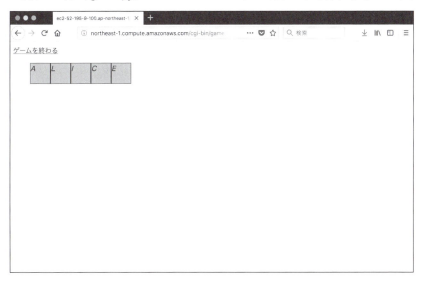

この画面はゲームの初期状態を表しており、盤面に表示されているタイルのうち、どれか1つを選んでクリックすると、次のようにJavaScriptの「prompt」関数による入力ダイアログが表示されます。

■ SECTION-025 ■ CGI

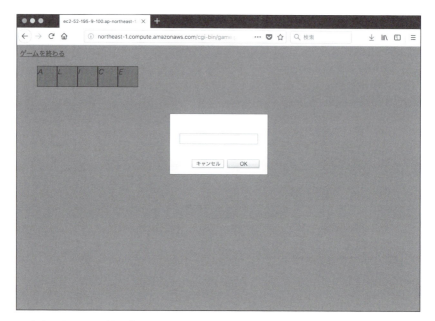

　入力ダイアログに選んだアルファベットで始まる単語を入力し、「OK」をクリックすると、ブラウザの画面が遷移して、新しくタイルが追加された盤面が表示されます。

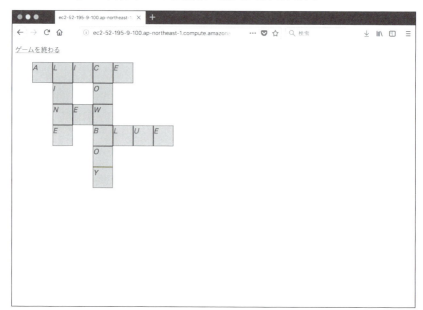

　後は好きなだけタイルをつなげてゲームを楽しみます。
　最後に、「ゲームを終わる」をクリックすると、「cmd=end」パラメータを指定してCGIプログラムが実行され、クッキーとデータベース内のセッションデータが削除されます。

# INDEX

## 記号・数字

| | |
|---|---|
| ^ | 106 |
| _ | 76 |
| - | 104,105 |
| != | 55,106 |
| . | 34,88 |
| ' | 37,142 |
| ''' | 37,142 |
| " | 37,142 |
| """ | 37,142 |
| () | 64,88 |
| @ | 105 |
| * | 99,105 |
| ** | 105 |
| / | 105 |
| // | 105 |
| \ | 142 |
| \n | 33 |
| & | 106 |
| # | 53 |
| #!/usr/bin/python3 | 27 |
| % | 105,151 |
| + | 104,105,113,144 |
| < | 55,106 |
| << | 105 |
| <= | 55,106 |
| = | 65,105 |
| == | 55,75,106 |
| > | 55,106 |
| >= | 55,106 |
| >> | 105 |
| | | 106 |
| ~ | 104 |
| .app | 238 |
| .bashrc | 23 |
| .EXE | 236 |
| .ipynb | 46 |
| .py | 27,236 |
| __all__ | 99 |
| __call__ | 224 |
| __debug__ | 100 |
| __enter__ | 176 |
| __exit__ | 176 |
| __init__ | 90,93 |
| __iter__ | 133 |
| __main__ | 97 |
| __name__ | 97 |
| __next__ | 133 |
| 0b | 76 |
| 0o | 76 |
| 0x | 76 |
| 1/4値 | 121 |

| | |
|---|---|
| 2進数 | 76 |
| 3/4値 | 121 |
| 8進法 | 76 |
| 10進法 | 76 |
| 16進法 | 76 |

## A

| | |
|---|---|
| ABC | 13 |
| adaptiveThreshold | 194 |
| add_header | 243 |
| add_password | 243 |
| And | 106 |
| Apache HTTPサーバー | 35 |
| API | 254 |
| append | 77,127,155 |
| apply | 122,125 |
| applymap | 124 |
| argparse | 210 |
| ArgumentParser | 210 |
| argv | 208 |
| array | 81 |
| as | 33 |
| astimezone | 217 |
| astype | 195 |
| attrib | 163 |

## B

| | |
|---|---|
| b64encode | 263 |
| base64 | 263 |
| Base64 | 263 |
| bash | 23 |
| BeautifulSoup | 166 |
| bilateralFilter | 192 |
| bind | 233 |
| BoundedSemaphore | 226 |
| break | 63 |
| bs4 | 167 |
| build_opener | 243 |
| builtins | 101 |
| Button | 230 |
| bytes | 173,263 |
| BytesIO | 184 |

## C

| | |
|---|---|
| Canny | 196 |
| Canvas | 232 |
| CascadeClassifier | 203 |
| cgi | 260 |
| CGI | 35,256 |
| CGIパラメータ | 260 |
| chdir | 214 |
| choice | 169 |

273

# INDEX

| | |
|---|---|
| circle | 203,204 |
| class | 88 |
| clear | 79 |
| close | 51,172 |
| code | 244 |
| collect | 111 |
| collections | 116,155 |
| compile | 149 |
| complex | 74 |
| concat | 127 |
| Condition | 226 |
| connect | 262 |
| Content-length | 244 |
| ContentTooShortError | 244 |
| Content-type | 37 |
| continue | 63 |
| convert | 184 |
| cookies | 261 |
| copy | 79,109,126 |
| corr | 122 |
| count | 79,116,132,147 |
| Counter | 116 |
| CPython | 15 |
| create_line | 233 |
| CSVファイル | 179 |
| cursor | 262 |
| cv2 | 190,195,196 |
| cvtColor | 193 |
| Cygwin | 20 |

## D

| | |
|---|---|
| DataFrame型 | 83 |
| date | 215 |
| datetime | 215,216 |
| decode | 164 |
| deepcopy | 110 |
| def | 64 |
| del | 77,111 |
| delete | 233 |
| deque | 155 |
| describe | 121 |
| detectMultiScale | 203 |
| dict_key型 | 81 |
| dict_values型 | 81 |
| dir | 99 |
| disable | 111 |
| dom | 162 |
| DOM | 167,168,169 |
| Draw | 188 |
| dtype | 115 |
| dummy_threading | 222 |
| dump | 177 |

| | |
|---|---|
| dumps | 162,263 |

## E

| | |
|---|---|
| e | 76 |
| elif | 56 |
| ellipse | 188 |
| else | 56,62,156 |
| email | 245 |
| enable | 111 |
| endswith | 146,174 |
| Entry | 229 |
| enumerate | 131 |
| environ | 214 |
| error | 164 |
| etree | 162 |
| except | 244 |
| Exception | 157 |
| execute | 262 |
| execv | 214 |
| expect | 156 |
| extend | 77 |

## F

| | |
|---|---|
| f | 150 |
| F | 150 |
| False | 54,100 |
| fastNlMeansDenoisingColored | 192 |
| ffmpeg | 199 |
| ffmpeg-python | 199 |
| FieldStorage | 260 |
| FIFO | 154 |
| filter2D | 192 |
| finally | 156 |
| find | 147,166,168,174 |
| find_all | 168,233 |
| findall | 166 |
| finditer | 149 |
| float | 74 |
| float_info | 75 |
| for | 60,130 |
| format | 150 |
| from | 96,98 |
| fromhex | 173,263 |
| fromstring | 165 |

## G

| | |
|---|---|
| gc | 111 |
| get | 167,229 |
| getcwd | 214 |
| getenv | 213 |
| getlogin | 213 |
| getpid | 213 |

# INDEX

getroot ································· 163
get_terminal_size ················· 213
GETメソッド ························· 242
gitリポジトリ ·························· 26
glob ································· 203
global ······························ 136
grid() ································· 39
GUI ······························ 39,228

## H

hash ································· 75
header ································· 245
Header ································· 245
headers ······························ 244
hex ······························ 173,263
home_timeline ····················· 254
HTML ······························ 166,265
HTTP ································· 164
HTTP_COOKIE ····················· 261
HTTPError ····················· 164,244
HTTPPasswordMgr ················· 243
HTTPS ································· 164
HTTPプロトコル ····················· 242
HTTPヘッダー ························· 37

## I

if ····································· 55
ignore_index ······················· 127
iloc ·································· 84
Image ······························ 183,188
ImageDraw ························· 188
import ························· 33,96,98
imread ······························ 190
imwrite ······················· 190,191
in ····································· 106
index ······························ 147,174
inf ··································· 107
input ····················· 200,201,204
insert ····························· 77,229
INSERT ································· 263
install_opener ····················· 243
int ··································· 74
invert ································· 187
io ····································· 184
is ····································· 107
isalnum ························· 146,174
isalpha ························· 146,174
isascii ························· 146,174
isdigit ························· 146,174
isdir ································· 201
isfile ································· 200
isspace ························· 146,174

items ································· 80
itertools ····························· 132
ix ······························ 84,126,179

## J

j ····································· 77
join ····················· 144,147,174,223
json ································· 161
JSON ································· 161
JSON形式 ····························· 46
Jupyter Notebook ············· 41,87,179
Jython ································· 15

## K

keys ································· 80
kmeans ································· 195
K-Means法 ····························· 195

## L

Label ································· 229
lambda式 ····························· 72
LAMP ································· 12
Laplacian ····························· 196
LF ····································· 27
LIFO ································· 154
line ································· 188
Linux ································· 16
list ····················· 70,80,174
load ····················· 177,261
loads ································· 161
loc ······························ 84,126,179
Lock ································· 226
login ································· 246
lower ································· 146

## M

macOS ································· 17
mainloop ····························· 228
makedirs ····························· 214
map ······························ 69,122
mapオブジェクト ······················· 70
match ································· 148
max ································· 120
mean ······························ 115,120
Mean-Shift法 ························· 194
medianBlur ························· 192
mime.multipart ····················· 245
MIMEMultipart ····················· 245
mime.text ····························· 245
MIMEText ····························· 245
min ································· 120

275

INDEX

mkdir ·································· 214
multiprocessing ························ 218

## N

name ································· 212
nan ································· 107
ndarray型 ························· 81,113
new ································· 188
None ································· 100
nonlocal ····························· 136
not ····························· 55,106
now ································· 216
numpy ······························ 76,81

## O

open ···················· 51,161,172,183
OpenCV ······················· 189,202
opencv_python ························ 189
optput ······························ 204
Or ································· 106
os ················· 200,212,213,214
OS ································· 212
output ······························ 200

## P

pandas ························ 83,127,179
Pandas ························ 83,119,179
parse ································· 163
parse_args ···························· 210
ParseError ······················ 157,158
parsers ······························ 162
partition ····························· 146
pass ································· 53
path ································· 200
pickle ···························· 177,263
PIL ····························· 183,188
Pillow ································ 182
pip ································· 25
pip3 ································· 25
place ································· 232
platform ····························· 212
Platypus ····························· 238
Pool ····························· 219,220
pop ····························· 77,155
POSTメソッド ························ 243
print ································· 28
printf形式 ···························· 151
PSFライセンス ························ 15
putenv ······························ 213
putText ························ 203,204
PyInstaller ·························· 236
PyPI ································· 24

pyrMeanShiftFiltering ················ 194
python ································· 16
Python ································· 12
python3 ·························· 16,209

## Q

quit································· 246

## R

r ································· 143
Radiobutton ························ 229
raise ····························· 133,158
random ······························ 169
range ···························· 59,129
re ································· 148
read ························ 161,164,174
read_csv ························ 179,180
readline ····························· 174
reason ······························ 244
rectangle ····························· 188
ref ································· 112
remove ······················ 77,200,215
removedirs ··························· 215
replace ······················ 147,174,216
request ···················· 164,165,242,243
Request ····························· 243
reshape ····························· 195
resize ································· 191
return ································· 68
reverse ······························ 79
reversed ····························· 129
RLock ································· 226
rmdir ································· 215
rmtree ································· 201
rotate ································· 185
run ································· 200

## S

save ································· 183
sax ································· 162
search ································· 148
seek ································· 175
select ································· 168
self ································· 89
Semaphore ························· 226
sendmail ····························· 246
Series型 ····························· 83
set ····························· 80,229
shape ···························· 115,190
SimpleCookie ························ 261
site ································· 101
sleep ································· 71

INDEX

| | |
|---|---|
| SMTP | 246 |
| smtplib | 245,246 |
| SMTPプロトコル | 245 |
| Sobel | 196 |
| sort | 79,128 |
| sorted | 129 |
| split | 146,147,174,185 |
| splitlines | 146 |
| sqlite3 | 262 |
| SQLite3 | 261 |
| SQL文 | 262 |
| start | 223 |
| startswith | 146,174 |
| std | 120 |
| StopIteration | 133 |
| strftime | 215 |
| StringVar | 229 |
| strip | 146,158,174 |
| sum | 115 |
| super | 93 |
| swapcase | 146 |
| sys | 75,208,212 |
| system | 214 |

### T

| | |
|---|---|
| tag | 163 |
| tell | 175 |
| text | 163,188 |
| Thread | 222,223 |
| threading | 222,226 |
| threshold | 193 |
| time | 71,216 |
| timedelta | 217 |
| timezone | 216 |
| title | 146 |
| Tk | 39,228 |
| Tk() | 39 |
| tkiner | 228,232 |
| Tkinter | 39,228 |
| to_csv | 180 |
| today | 215,216 |
| tolist | 86,116 |
| True | 54,100 |
| try | 156,244 |
| ttk | 39,229 |
| tuple | 80 |
| tweepy | 254 |
| Tweepy | 247 |
| Twitter | 247 |
| type | 107 |

### U

| | |
|---|---|
| uname | 213 |
| Unladen Swallow | 15 |
| unsetenv | 213 |
| update-alternatives | 22 |
| update_status | 254 |
| upper | 146 |
| URLError | 164,244 |
| urllib | 164,165,242 |
| urlopen | 164,165,243,244 |
| UTF-8 | 27 |

### V

| | |
|---|---|
| values | 80,86,119 |
| var | 120 |

### W

| | |
|---|---|
| weakref | 112 |
| WebAPI | 165,247 |
| while | 62 |
| Windows | 19 |
| win.mainloop() | 39 |
| with | 172,175,226 |
| write | 51,174 |

### X

| | |
|---|---|
| xml | 162 |
| XML | 162 |
| XMLタグ | 158 |
| XOR | 106 |

### Y

| | |
|---|---|
| yield | 159 |

### Z

| | |
|---|---|
| ZeroDivisionError | 108 |
| zeros | 81 |
| zip | 131 |

### あ行

| | |
|---|---|
| 値 | 80 |
| 後入れ先出し | 154 |
| 余り | 105 |
| イテレータ | 58 |
| イテレータオブジェクト | 132 |
| イテレータブル | 61 |
| イベント | 232 |
| インデックス | 118,131,180 |
| インデント | 52 |
| インラインループ | 117 |

# INDEX

ウィジェット ……………………………… 228
エスケープ文字 ………………………… 143
エディタ ……………………………………27
エラーハンドリング …………………… 244
演算子のオーバーロード ……………… 257
大津メソッド …………………………… 193
大文字 …………………………………… 146
オブジェクト ………………………………88

## か行

改行コード ………………………………27
回転 ……………………………………… 185
外部パッケージ ………………………… 13,24
外部ファイル ………………………………96
外部プログラム ………………………… 214
顔認識 …………………………………… 202
拡張子 ……………………………………27
加算 …………………………………… 105,113
頭文字 …………………………………… 146
カスケード型分類器 …………………… 202
数を数える …………………………… 79,116
画像 ……………………………………… 182
型チェック ……………………………… 107
ガベージコレクション ………… 13,110,111
カラーモード …………………………… 184
環境変数 ………………………………… 213
関数 …………………………………… 64,89
基底クラス …………………………………92
逆順 …………………………………… 79,129
キャンバス ……………………………… 232
キュー …………………………………… 154
虚数 ………………………………………77
クッキー ………………………………… 260
組み込み関数 …………………………… 101
組み込み定数 …………………………… 100
クラス ……………………………………88
繰り返し処理 ……………………………58
グレースケール ………………………… 193
継承 ………………………………………91
結合 …………………………………… 113,144
検索 ……………………………………… 146
減算 …………………………………… 105
減色処理 ………………………………… 194
コピー ………………………………… 79,109
コマンドライン引数 …………………… 208
コメント …………………………………53
小文字 …………………………………… 146
コンソール …………………………… 27,213

## さ行

最小値 ………………………………… 120,121
最大値 ………………………………… 120,121

先入れ先出し …………………………… 154
削除 ……………………… 77,79,146,215
三項演算子 ………………………………57
算術演算子 ……………………………… 104
参照 ……………………………………… 108
参照カウンタ ……………………………13
ジェネレータ …………………………… 159
時刻 ……………………………………… 215
時差 ……………………………………… 217
指数表現 …………………………………76
実行環境 …………………………………16
実行形式ファイル ……………………… 234
実行プール ……………………………… 218
弱参照 …………………………………… 112
条件式 ……………………………………54
条件分岐 …………………………………54
乗算 ……………………………………… 105
除算 ……………………………………… 105
処理ブロック ……………………………51
数値型 ……………………………………74
図形 ……………………………………… 188
スタック ………………………………… 154
スライス指定 …………………………… 117
正規表現 ………………………………… 148
整数 ………………………………………74
整列 ………………………………………79
セッション管理 ………………………… 260
セット ……………………………………79
セル ……………………………………… 122
相関係数 ………………………………… 122
相対パス …………………………………98
挿入 ………………………………………77
総和 ……………………………………… 115
ソート …………………………………… 128

## た行

タイムゾーン …………………………… 216
多重継承 …………………………………94
タプル …………………… 58,69,77,130
置換 ……………………………………… 147
中央値 …………………………………… 121
直列化 …………………………………… 177
追加 ………………………………………77
ディクショナリ …………………………79
ディレクトリ ………………………… 98,214
データ解析 ………………………………41
データ型 …………………………………74
データ記述言語 ………………………… 161
データベース …………………………… 261
デフォルト ………………………………22
電子メール ……………………………… 245
動画ファイル …………………………… 198

278

INDEX

統計情報……………………………………… 121
動的な型付け………………………………… 13
ドキュメンテーション文字列 ……………………54

## な行

名前空間………………………………………… 135
二項演算子……………………………………… 105
二値化…………………………………………… 193
入力エリア……………………………………… 229
認証キー………………………………………… 247

## は行

バージョン………………………………………… 14
バイト列 ………………………………………… 173
派生クラス………………………………………… 91
パッケージ………………………………………… 98
バッファ ………………………………………… 154
反転……………………………………………… 185
比較演算子……………………………………… 106
引数………………………………………… 65,66
非数……………………………………………… 107
日付……………………………………………… 215
ビット…………………………………………… 104
ビット演算子 …………………………………… 105
ビットシフト演算 ……………………………… 105
標準偏差………………………………… 120,121
表データ…………………………………………… 83
ファイル操作 ………………………………… 50,172
フィルタリング ………………………………… 192
ブーリアン演算 ………………………………… 106
ブーリアン値 ……………………………………… 54
フォーマット …………………………………… 150
複素数……………………………………… 74,77
符号……………………………………………… 104
浮動小数点……………………………………… 74
プロセスID……………………………………… 213
分散……………………………………………… 120
平均値……………………………………… 115,120
並列処理………………………………………… 218
ヘッダー ………………………………………… 180
変数……………………………………………… 30
保存………………………………………… 178,204
ボタン …………………………………………… 230
ホワイトスペース ……………………………… 146

## ま行

マークアップ言語 ……………………………… 153
マウスイベント ………………………………… 232
マルチスレッド ………………………… 218,222
マルチプロセス ………………………………… 218
無限大…………………………………………… 107
無限ループ……………………………………… 132

無名関数………………………………………… 72
メモリ管理 ……………………………………… 110
メモリ空間 ……………………………………… 218
モード…………………………………………… 172
文字コード……………………………………… 27
モジュール ……………………………………… 96
文字列型………………………………………… 142
文字列リテラル ………………………………… 142
戻り値…………………………………………… 68

## や行

要素の数………………………………………… 121
呼び出し可能クラス …………………………… 224
予約語…………………………………………… 100

## ら行

ラジオボタン …………………………………… 229
ラベル……………………………………… 80,229
リクエスト ……………………………………… 243
リスト ………………………………… 58,70,77,113
輪郭線抽出……………………………………… 196
ループ……………………………………… 58,60,129
例外……………………………………………… 133
例外処理………………………………………… 156
レルム…………………………………………… 243
ログインユーザー名 …………………………… 213

279

# ■著者紹介

**坂本 俊之**(さかもと としゆき)　ココン株式会社　AI戦略室 主任

現在は人工知能を使用したセキュリティ診断や、人工知能に対する欺瞞・攻撃方法の研究を行う。

E-Mail:tanrei@nama.ne.jp

---

編集担当：吉成明久 / カバーデザイン：秋田勘助(オフィス・エドモント)
写真：©higyou - stock.foto

---

●特典がいっぱいのWeb読者アンケートのお知らせ

C&R研究所ではWeb読者アンケートを実施しています。アンケートにお答えいただいた方の中から、抽選でステキなプレゼントが当たります。詳しくは次のURLのトップページ左下のWeb読者アンケート専用バナーをクリックし、アンケートページをご覧ください。

**C&R研究所のホームページ　http://www.c-r.com/**

携帯電話からのご応募は、右のQRコードをご利用ください。

---

## 基礎からわかる Python

2018年12月21日　初版発行

| | |
|---|---|
| 著　者 | 坂本俊之 |
| 発行者 | 池田武人 |
| 発行所 | 株式会社　シーアンドアール研究所 |
| | 新潟県新潟市北区西名目所 4083-6(〒950-3122) |
| | 電話 025-259-4293　FAX 025-258-2801 |
| 印刷所 | 株式会社 ルナテック |

ISBN978-4-86354-269-3 C3055

©Sakamoto Toshiyuki, 2018　　　　　　　　　　Printed in Japan

本書の一部または全部を著作権法で定める範囲を越えて、株式会社シーアンドアール研究所に無断で複写、複製、転載、データ化、テープ化することを禁じます。

落丁・乱丁が万一ございました場合には、お取り替えいたします。弊社までご連絡ください。